►成长故事小百科

习惯与机会

胡 欢 主编

黑龙江美术出版社

图书在版编目(CIP)数据

习惯与机会 / 胡欢编著. —哈尔滨：黑龙江美术
出版社，2016.8
（成长故事小百科）
ISBN 978-7-5318-9023-2

Ⅰ.①习… Ⅱ.①胡… Ⅲ.①故事-作品集-中国-
当代 Ⅳ.①I247.81

中国版本图书馆 CIP 数据核字（2016）第 192821 号

书　　名/	成长故事小百科——习惯与机会
编　　著/	胡欢
责任编辑/	杨玉红
装帧设计/	瑞知堂文化
出版发行/	黑龙江美术出版社
地　　址/	哈尔滨市道里区安定街 225 号
邮政编码/	150016
发行电话/	（0451）84270514
网　　址/	WWW.HLJMSCBS.COM
经　　销/	全国新华书店
印　　刷/	北京市通州兴龙印刷厂
开　　本/	700mm×1000mm　1/16
印　　张/	15
版　　次/	2016 年 11 月第 1 版
印　　次/	2016 年 11 月第 1 次印刷
书　　号/	ISBN 978-7-5318-9023-2
定　　价/	30.00 元

前　言

　　随着现代生活节奏的加快，青少年在成长的过程中有机会接触到更多的事物，特别是在物质生活极大丰富的今天，每时每刻都会面临着众多的抉择，正是这些不同方式的选择带来的不同结果时常困扰着青少年的心智，以致于他们经常徘徊在几种结果的选择之中，享受不到成长带来的单纯与快乐。面对成长，每个人都会遇到很多的烦恼和困惑，其实解决它们很简单，仅仅是多想一点、勇敢一点。

　　本套书从目标、创新、习惯、机会、积极、快乐、学习、时间、勇敢、接受、口才、交往等 12 个不同的角度出发，通过故事与点评、启迪与思考相结合的方式，解决广大青少年成长过程中遇到的种种困难和烦恼，以帮助大家树立自信、自尊、自强、自爱的信念。希望此书能给广大青少年成长提供帮助。

编　者
2015 年 5 月

目　录

习惯造就人

习惯造就人

习惯造人,有什么样的习惯,就会成为什么样的人。

有这样一个故事:半夜,卫灵公跟南子对坐闲谈,听见王宫外的马路上,有马车远远驶来,经过王宫门外时,车声稍稍停顿一下又响起来,现在的声音跟刚才的不同,车上的人显然已下车。车过去之后,重新又恢复了较为沉重的响声,马车的主人又回到了车上。卫灵公对南子说,车上的人一定是蘧伯玉。第二天一问,果然不错。南子问卫灵公怎么知道的,卫灵公说,依照规定,坐车的人经过王宫门外要下车步行。当时深更半夜,路上连一个行人都没有,除了蘧伯玉这样的君子,谁还肯遵守这个规定?

> **点击成长:**
>
> 这就是习惯的力量。将美德化为生活习惯,这是我们应该做的。

本色最精彩

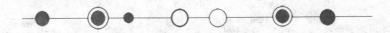

　　伊笛丝·阿雷德太太从小就特别敏感而腼腆,她的身材一直很胖,而她的一张脸使她看起来比实际还胖得多。伊笛丝有一个很古板的母亲,她认为把衣服弄得漂亮是一件很愚蠢的事情。她总是对伊笛丝说:"宽衣好穿,窄衣易破。"而母亲总照这句话来帮伊笛丝穿衣服。所以,伊笛丝从来不和其他的孩子一起做室外活动,甚至不上体育课。她非常害羞,觉得自己和其他的人都"不一样",完全不讨人喜欢。

　　长大之后,伊笛丝嫁给一个比她大好几岁的男人,可是她并没有改变。她丈夫一家人都很好,也充满了自信。伊笛丝尽最大的努力要像他们一样,可是她做不到。他们为了使伊笛丝开朗而做的每一件事情,都只是令她更退缩到她的壳里去。伊笛丝变得紧张不安,躲开了所有的朋友,情形坏到她甚至怕听到门铃响。伊笛丝知道自己是一个失败者,又怕她的丈夫会发现这一点,所以每次他们出现在公共场合的时候,她假装很开心,结果常常做得太过分。事后,伊笛丝会为这个难过好几天。最后不开心到使她觉得再活下去也没有什么道理了,伊笛丝开始想自杀。

后来,是什么改变这个不快乐的女人的生活呢?只是一句随口说出的话。随口说的一句话,改变了伊笛丝的整个生活,使她完全变成了另外一个人。

有一天,她的婆婆正在谈她怎么教养她的几个孩子,她说:"不管事情怎么样,我总会要求他们保持本色。"

"保持本色!"就是这句话!在那一刹那之间,伊笛丝才发现自己之所以那么苦恼,就是因为她一直在试着让自己适合于一个并不适合自己的模式。

伊笛丝后来回忆道:"在一夜之间我整个改变了,我开始保持本色。我试着研究我自己的个性,自己的优点,尽我所能去学色彩和服饰知识,尽量以适合我的方式去穿衣服。主动地去交朋友,我参加了一个社团组织——起先是一个很小的社团——他们让我参加活动,使我吓坏了。可是我每一次发言,就增加了一点勇气。今天我所有的快乐,是我从来没有想到能够得到的。在教养我自己的孩子时,我也总是把我从痛苦的经验中所学到的结果教给他们:'不管事情怎么样,总要保持本色。'"

点击成长:

　　要想生活得快乐,就要保持自己的本色,做自己喜欢的事情。不要在意别人的看法,时刻保持自己的特色,这就够了。

适度很重要

　　"来两只煮嫩鸡蛋,一份家常油炸土豆条,一块乌饭浆果松饼,再加咖啡和鲜橘汁。"艾德沃德吩咐餐厅的侍者,慢跑后的他感到饥肠辘辘。

　　艾德沃德刚打开报纸,咖啡就端上来了。"请用咖啡,"侍者说,"不过,对不起。我们的立法当局坚持要我们提醒顾客,每天喝三杯以上的咖啡有可能增加得中风和膀胱癌的危险。虽然这是除去了咖啡因的,但食品和药物管理局仍要求我们说明,提取过程中或许还残留了微量的致癌可溶物。"这才给他的杯子斟上。

　　侍者端着他叫的早点回来时,艾德沃德差不多看完了第一版。

　　"您的鸡蛋,"侍者说,"如果不煮透,就可能含有沙门氏菌,会引起食物中毒。蛋黄中有大量的胆固醇,它有诱发动脉硬化和心脏病的潜在危险。美国心血管外科医生协会主张每星期最多只吃四个鸡蛋,吸烟者和身体超重十磅者尤应如此。"

　　艾德沃德的胃感到一阵不舒服。

　　"马铃薯。"侍者继续着,"皮上的青色斑块有可能含有一种叫龙葵碱的生物碱毒素,《内科医生参考手册》上说龙葵碱会引起呕吐、腹泻和恶心。不过放心，您用的土豆是仔细地去了皮的，我们的供应商还答应，如有不良后果，他们将承担一切责任。"

"但愿这'不良后果'别降临到我头上。"艾德沃德想。

"松饼含有丰富的面粉、鸡蛋和黄油，还有乌饭浆果和低钠调味粉，唯独缺少纤维素。营养研究所警告说低纤维饮食会增加胃癌和肠癌的危险。饮食指导中心说面粉可能受到杀真菌剂和灭鼠剂的污染，还可能含有微量的麦角素，它能引起幻觉、惊厥和动脉痉挛。"

顿时，艾德沃德觉得焦黄松脆的松饼诱人的香味变得十分可疑了。

"黄油是高胆固醇食品，卫生部忠告近亲患心脏病的人限制胆固醇和饱和脂肪的摄入量。我们的乌饭浆果来自缅因州，从未施过化肥和杀虫剂。但美国地质调查队有报告说许多缅因州的浆果长在花岗岩地区，而花岗岩常常含有放射性物质——铀、镭和氡气。"

艾德沃德立刻想起了切尔诺贝利事故幸存者头发脱落的不雅观之状。

"最后，烘焙的麦粉中含有硫酸铝钠盐，研究者认为铝元素可能是早老性痴呆症的罪魁祸首。"侍者说罢便离去了，令人肃然起敬的营养咨询也许结束了。

侍者很快回来了，带着一只罐子。"我还记得说明，我们的鲜橘汁是早上6点前榨的，现在是8：30整。食物和药品管理局与司法部正在指控一家餐馆，因为它把放了三四小时的橘汁说成是新榨的。在那个案子裁决前，我们的律师要求我们从每一个订了类似食品的顾客那儿弄一份放弃追究声明书。"

艾德沃德填写了他递过来的表格,侍者用回形针把它附在账单上。在艾德沃德伸手取杯子时,侍者又拦住了他。"还有一件事。"侍者说,"消费安全组织认定您使用的叉子太尖太锋利,必须小心使用。"

"好,祝您胃口好。"侍者终于走开了,艾德沃德也终于松了一口气。他注视着那份已是冷冰冰的早餐,胃口彻底没有了。

点击成长:

听了这样的忠告,胃口全无。看来过分的热情待人很多时候也是不适当的,所以在生活中,我们做任何事情都要把握好尺度,时刻提醒自己,养成哪样的好习惯,我们会受益无穷。

不要主观臆想

有一个发生在美国阿拉斯加的故事,有一对年轻的夫妇,妻子因为难产死去了,不过孩子倒是活了下来。丈夫一个人既工作又照顾孩子,有些忙不过来,可是找不到合适的保姆照看孩子,于是他训练了一只狗,那只狗既听话又聪明,可以帮他照看孩子。

有一天,丈夫要外出,像往日一样让狗照看孩子。他去了离家很远的地方,所以当晚没有赶回家。第二天一大早他急忙往家里赶,狗听到主人的声音摇着尾巴出来迎接,可是他却发现狗满口是血,打开房门一看,屋里也到处是血,孩子居然不在床上……他全身的血一下子都涌到头上,心想一定是狗的兽性大发,把孩子吃掉了,盛怒之下,拿起刀来把狗杀死了。

就在他悲愤交加的时候,突然听到孩子的声音,只见孩子从床下爬了出来,丈夫感到很奇怪。他再仔细看了看狗的尸体,这才发现狗后腿上有一大块肉没有了,而屋门的后面还有一只狼的尸体。原来,是狗救了小主人,却被主人误杀了。

点击成长：

当我们遇到问题时，千万不要不了解真相就大发雷霆，否则会做出过分的行为。遇到事情提醒自己不要慌张、不要发怒，养成这样的习惯，便可以避免不必要的损失。

不可小视的习惯

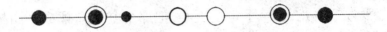

  每个人或多或少都会有一些不良的嗜好,也许这种嗜好微不足道,它可能已经成为了你生活的一部分。你体会过这种嗜好的强大力量吗?又有没有想过要去克服它从而改变自己的生活呢?

  美国得克萨斯州的石油大亨保罗·盖蒂曾经是个大烟鬼,烟抽得非常非常凶。

  有一次,他度假开车经过法国,天降滂沱大雨,开了几小时车后,他在一个小城的旅馆过夜。吃过晚饭,疲惫的他很快就进入了梦乡。

  清晨两点钟,盖蒂醒来。他的烟瘾又犯了,很想抽一根烟。打开灯,他自然地伸手去抓睡前放在桌上的烟盒,不料里头却是空的。他下了床,搜寻衣服口袋,毫无所获,他又搜寻行李,希望能发现他无意中留下的一包烟,结果又失望了。这时候,旅馆的餐厅、酒吧早关门了,他唯一可能得到香烟的办法是穿上衣服走出去,到几条街外的火车站去买。

  越是没有烟,想抽的欲望就越大,有烟瘾的人大概都有这种体验。盖蒂脱下睡衣,穿好了出门的衣服,在伸手去拿雨衣的时候,他突然停住了。他问自己:我这是在干什么?

盖蒂站在那儿寻思，一个所谓的知识分子，而且相当成功的商人，一个自以为有足够理智对别人下命令的人，竟要在三更半夜离开旅馆，冒着大雨走过几条街，仅仅是为了得到一支烟。这是一个什么样的习惯，这个习惯的力量有多么强大啊！

　　没过多会儿，盖蒂下定了决心，把那个空烟盒揉成一团扔进了纸篓，脱下衣服换上睡衣回到了床上，带着一种解脱甚至是胜利的感觉，几分钟就进入了梦乡。

　　从此以后，保罗·盖蒂再也没有抽过香烟。后来，他的事业也越做越大，成为世界顶尖的富豪之一。

点击成长：

　　习惯具有强大的力量，它能够影响你的生活。为了让习惯为我们的学习和生活带来好的影响，我们要时刻保持清醒，养成好的习惯。好的习惯能够让我们一生受益，而坏的习惯却会像魔鬼一样缠着我们而扰乱我们的生活。我们要像故事中的保罗·盖蒂一样，克服自己的坏习惯。

不要带着怒气

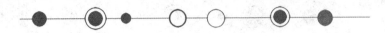

　　欧玛尔是英国历史上唯一留名至今的剑手。他有一个与他势均力敌的对手，他同他斗了 30 年还不分胜负。在一次决斗中，敌手从马上摔下来，欧玛尔持剑跳到他身上，一秒钟内就可以杀死他。

　　但对手这时做了一件事——向他脸上吐了一口唾沫。欧玛尔停住了，对对手说："咱们明天再打。"对手糊涂了。

　　欧玛尔说："30 年来我一直在修炼自己，让自己不带一点儿怒气作战，所以我才能常胜不败。刚才你吐我的瞬间我动了怒气，这时杀死你，我就再也找不到胜利的感觉了。所以，我们只能明天重新开始。"

　　这场争斗永远也不会开始了，因为那个敌手从此变成了他的学生，他也想学会不带一点儿怒气作战。

点击成长：

　　生活中，时常会有一些事情使我们愤怒，但是我们要克制自己的情绪，要学会不带着怒气做任何事情。不论遇到什么事情，都要冷静地面对和处理，要养成这样良好的习惯。

宽容的伟大

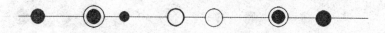

第二次世界大战期间，一支部队在森林中与敌军相遇，激战后两名战士与部队失去了联系。这两名战士来自同一个小镇。

两人在森林中艰难跋涉，他们互相鼓励、互相安慰。十多天过去了，仍未与部队联系上。这一天，他们打死了一只鹿，依靠鹿肉又艰难度过了几天。可也许是战争使动物四散奔逃或被杀光，这以后他们再也没看到过任何动物。他们仅剩下的一点鹿肉，背在年轻战士的身上。这一天，他们在森林中又一次与敌人相遇，经过再一次激战，他们巧妙地避开了敌人。

就在自以为已经安全时，只听一声枪响，走在前面的年轻战士中了一枪——幸亏伤在肩膀上！后面的士兵惶恐地跑了过来，他害怕得语无伦次，抱着战友的身体泪流不止，并赶快把自己的衬衣撕下包扎战友的伤口。

晚上，未受伤的士兵一直念叨着母亲的名字，两眼直勾勾的。他们都以为他们熬不过这一关了，尽管饥饿难忍，可他们谁也没动身边的鹿肉。天知道他们是怎么过的那一夜。第二天，部队救出了他们。

事隔 30 年，那位受伤的战士安德森说："我知道是谁开的那一枪,他就是我的战友。当时在他抱住我时,我碰到他发热的枪管。我怎么也不明白,他为什么对我开枪? 但当晚我就宽容了他。我知道他想独吞我身上的鹿肉,我也知道他想为了他的母亲而活下来。此后30年,我假装根本不知道此事,也从不提及。战争太残酷了,他母亲还是没有等到他回来,我和他一起祭奠了老人家。那一天,他跪下来,请求我原谅他,我没让他说下去。我们又做了几十年的朋友,我宽容了他。"

点击成长:

宽容具有很大的魅力,宽容也是一种良好的习惯。当我们遇到别人的诽谤或伤害时,要以德报怨,用宽容的心态来面对,这个世界才会充满温馨。

最大的成功

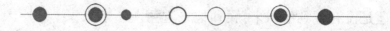

　　2000 年 12 月 17 日，在英国的曼彻斯特城，英格兰超级足球联赛第 18 轮的一场比赛在埃弗顿队与西汉姆联队之间紧张地进行着。比赛只剩下最后一分钟时，场上的比分仍然是 1∶1。这时，埃弗顿队的守门员杰拉德在扑球时扭伤了膝盖，球被传给了潜伏在禁区的西汉姆联队球员迪卡尼奥。

　　球场上原本沸腾的气氛顿时静了下来，所有的人都在等待。迪卡尼奥离球门只有 12 米左右，无需任何技术，只需要一点点力量，就可以从容地把球打进没有了守门员的大门。那样，西汉姆联队就将以 2∶1 获胜。在积分榜上，他们因此可以增加两分，而且，在此之前，埃弗顿队已经连败两轮，这个球一进，就将是苦涩的"三连败"。

　　在几万双现场球迷的目光注视下，迪卡尼奥没有踢出"决胜的一脚"，而是弯下腰，把球稳稳抱到怀中……

　　全场因惊异而出现了片刻的沉寂，继而突然掌声雷动。

　　如潮水般滚动的掌声，把赞美之情献给了放弃打门的迪卡尼奥。

点击成长：

　　一个令人感动的举动，一个令人称赞的美德，一种更高的生活境界，一种更大意义上的成功。

　　争取胜利在生活的许多方面是重要的，但是能够超越成败得失而发扬崇高的品德，则是一个令人敬佩的精神境界。发扬崇高的品德，这是一个很好的习惯。

谦虚谨慎是美德

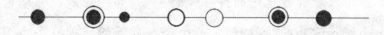

　　谦虚谨慎是成功人士必备的品格,具有这种品格的人,在待人接物时能温和有礼、平易近人、尊重他人,善于倾听他们的意见和建议,能虚心求教,取长补短。对待自己有自知之明,在成绩面前不居功自傲;在缺点和错误面前不文过饰非,能主动采取措施进行改正。

　　谦虚谨慎永远是一个人建功立业的前提和基础。

　　不论你从事何种职业,担任什么职务,只有谦虚谨慎,才能保持不断进取的精神,才能增长更多的知识和才干。因为谦虚谨慎的品格能够帮助你看到自己的差距。永不自满,不断前进可以使人能冷静地倾听他人的意见和批评,谨慎从事。否则,骄傲自大,满足现状,停步不前,主观武断,轻者使工作受到损失,重者会使事业半途而废。

　　具有谦虚谨慎品格的人不喜欢装模作样,摆架子,盛气凌人,能够虚心向群众学习,了解群众的情况。美国第三届总统托马斯·杰斐逊提出:"每个人都是你的老师。"杰斐逊出身贵族,他的父亲曾经是军中的上将,母亲是名门之后。当时的贵族除了发号施令以外,很少与平民百姓交往,他们看不起平民百姓。然而,杰斐逊没有秉承贵族阶层的恶习,主动与各阶层人士交往。他的朋友中当然不乏社会名流,但更多的是普通的园丁、仆人、农民或者是贫穷的工人。他善于向各种人学习,懂得每个人都有自己的长处。

有一次,他和法国伟人拉法叶特说:"你必须像我一样到民众家去走一走,看一看他们的菜碗,尝一尝他们吃的面包,只要你这样做了的话,你就会了解到民众不满的原因,并会懂得正在酝酿的法国革命的意义了。"由于他作风扎实,深入实际,他虽高居总统宝座,却很清楚民众究竟在想什么,他们到底需要什么。这样,他就在密切群众关系的基础上,进而造就他成为一代伟人。

点击成长:

　　将谦虚谨慎作为人生的第一美德来培养,面对成功和荣誉要保持谦虚谨慎的作风,不能产生骄傲的情绪,将这种成功转化为激励自己取得更大成功的力量。

要勇于尝试

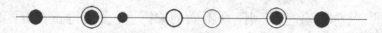

有一位母亲盼星星盼月亮,只盼自己的孩子将来能够成才。

一天,她带着五岁的孩子找到一位著名的化学家,想让孩子了解一下,这位大人物是如何踏上成才之路的。问明来意后,化学家没有向她历数自己的奋斗经历和成才经验,而是要求他们随他一起去实验室看看。

来到实验室,化学家将一瓶黄色的溶液放在孩子面前,看他如何反应。孩子好奇地看着瓶子,显得既兴奋又不知所措。

过了一会儿,他终于试探性地将手伸向了瓶子。这时,他的背后传来了一声急切的断喝,母亲快步走到孩子旁边拉住了他,孩子吓得赶忙缩回了手。

这时化学家哈哈大笑起来,他对孩子的母亲说:"我已经回答了你的问题了,希望你对孩子能否成才有个新的认识。"母亲疑惑地望了望化学家,不明白他的用意何在,化学家漫不经心地将自己的手指放入溶液里,笑着说:"其实这不过是一杯染过色的水而已。当然,你的一声呵斥出于本能,但也可能就此少了一个天才。许多父母都容易犯下同样的错误,他们总是害怕危险,从而约束了孩子的好奇心。

于是孩子们也就习惯于接受现状，不敢去探索创造。记住，经验并不可怕，哪怕是痛苦的经验，可怕的是没有经验。"

点击成长：

　　的确，经验不可怕，可怕的是毫无经验。不论在学习上还是生活中，我们都不能够安于现状，要努力尝试做一些新的事情。如果习惯于满足于现状，那么自己的好奇心就会被泯灭。毫不尝试，毫无经验，对我们来说将是一件可怕的事情。

优势的缺点

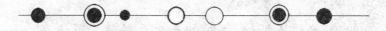

    三个旅行者早上出门时,一个旅行者带了一把伞,另一个旅行者拿了一根拐杖,第三个旅行者什么也没有拿。

    晚上归来,拿伞的旅行者淋得浑身是水,拿拐杖的旅行者跌得满身是伤,而第三个旅行者却安然无恙。于是,前面的旅行者很纳闷,问第三个旅行者:"你怎么会没有事呢?"

    第三个旅行者没有回答,而是问拿伞的旅行者:"你为什么会淋湿而没有摔伤呢?"

    拿伞的旅行者说:"当大雨来到的时候,我因为有了伞,就大胆地在雨中走,却不知怎么淋湿了;当我走在泥泞坎坷的路上时,我因为没有拐杖,所以走得非常仔细,专拣平稳的地方走,所以没有摔伤。"

    然后,他又问拿拐杖的旅行者:"你为什么没有淋湿而摔伤了呢?"

    拿拐杖的说:"当大雨来临的时候,我因为没有带雨伞,便拣能躲雨的地方走,所以没有淋湿;当我走在泥泞坎坷的路上时,我便用拐杖拄着走,却不知为什么常常跌跤。"

    第三个旅行者听后笑笑说:"这就是为什么你们拿伞的淋湿了,

拿拐杖的跌伤了，而我却安然无恙的原因。当大雨来时我躲着走，当路不好时我细心地走，所以我没有淋湿也没有跌伤。你们的失误就在于你们有凭借的优势，认为有了优势便少了忧患。"

点击成长：

　　很多时候，我们会因为自己的优势而忘乎所以，然而常常是跌倒在自己的优势上。

　　如果我们养成了正视自己的缺陷和优势的好习惯，那么，我们的人生之路就会更加顺利。

谎话总是会拆穿的

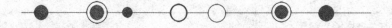

左琴科上学读书,是很久以前的事了。那时,教师把每次提问所得的成绩写在记分册上,给他们打上分数,从一分到五分。

左琴科进学校的时候,年龄还很小,上的是预备班。当时他才七岁。对于学校的情况,左琴科一无所知,因此,最初三个月里他简直是懵懵懂懂。

有一次,老师布置他们背诗。可是,左琴科没背会那首诗,他压根儿没听见老师的讲话。因为坐在他后边的几个同学不是用书包拍他的后脑勺,就是用墨水涂他的耳朵,再不就揪他的头发。正是由于这个原因,左琴科坐在教室里总是提心吊胆,甚至呆头呆脑,时时刻刻提防着,生怕坐在后面的同学再想出什么招儿来捉弄自己。

第二天,仿佛与左琴科作对似的,老师偏偏叫他起来背那首诗。左琴科不仅背不出来,而且都没想到过世界上会有这么一首诗。

教师说:"好吧,把你的记分册拿来!我给你记个一分。"

于是左琴科哭了,因为他还是第一次得一分。不过他并不清楚,这会带来什么后果。

课后,他的姐姐廖利亚来找他一起回家。看了他的记分册,她说:"左琴科,这下可糟了!老师给你的语文打了一分,这事儿真糟!再过两个星期就是你的生日,我想,爸爸不会送照相机给你了。"

左琴科说:"那可怎么办呢?"

廖利亚说:"我们有个同学干脆把记分册上有一分的那一页和另一页粘在一起,她的爸爸用手指舔上唾沫也没能揭开,这样也就没有看到那个分数。"

左琴科说:"廖利亚,骗父母亲,这不好吧?"

廖利亚笑着回家了。而左琴科呢?忧心忡忡地来到市立公园,坐在那儿的长凳上,翻开记分册,怀着恐惧的心情盯着上面的一分。

左琴科在公园里坐了很久,然后就回家了。已经快到家了,他才突然想起,自己把记分册丢在公园里的长凳上了。他又跑回公园,可是记分册已经不翼而飞。起先他很害怕,继而又高兴起来,因为这下他可没有记着一分的记分册了。

回到家里,左琴科告诉父亲,记分册被他搞丢了。廖利亚听了他的话笑了起来,并对他眨眨眼睛。

第二天,老师知道左琴科的记分册丢了,又给他发了一本新的。

左琴科翻开这本新的记分册,指望上面没有一个坏分数,但在语文栏内还是有个一分,而且笔道更粗。

左琴科顿时十分懊丧,简直气极了,就把新的记分册往教室里的书柜后面一扔。

两天以后,老师知道左琴科的这本记分册也丢了,又给他填了一份新的,除了语文有个一分外,老师还在上面给左琴科的品行打了个两分,并且说,一定要把记分册交给他的父亲看。

课后，左琴科见到廖利亚，她说："如果我们暂时把记分册上的那一页粘起来，这不算撒谎。一个星期以后，等你生日那天拿到了照相机，我们再把它分开，让爸爸看上面的分数。"

左琴科很想得到照相机，于是就和廖利亚一起把记分册上那倒霉的一页的四只角都粘了起来。

晚上，爸爸说："喂，把记分册拿来！我想看看，你不会有一分吧？"

爸爸打开了记分册，但上面一个坏分数也没有，因为那一页被粘起来了。

爸爸正翻阅着左琴科的记分册，楼梯上突然传来了门铃声。

一位妇女走进来说："前几天我在市立公园散步，就在那里的长凳上看到一本记分册，根据姓氏我打听到地址，就把它给您送来了，让您看看，是不是您的儿子把它搞丢了。"

爸爸看了看记分册，当他看到上面有个一分，就一切都明白了。

他没有骂左琴科，只是轻轻地说："那些讲假话、搞欺骗的人是十分滑稽可笑的，因为谎言或迟或早总是要被揭穿的，要想人不知，除非己莫为。"

左琴科站在爸爸面前，满脸通红。他沉默了好久说："还有一件事：我把另外一本打了一分的记分册扔到学校里的书柜后面了。"

爸爸没有更加生气，他的脸上反而露出了笑容，显得很高兴。他抓住左琴科的双手，吻了吻。"你能把这件事老老实实说出来，这使我非常非常高兴。这件事可能长时间内没有人知道，但你承认了，这就使我相信，你再也不会撒谎。就为这一点我送给你一架照相机。"

点击成长：

坏的习惯会将你的生活扰乱，在我们的成长过程中，许多人都曾经为了不受惩罚而说谎话，但是，一旦养成了说谎话的习惯，就可能抱憾终生，甚至处处碰壁。

学会做一个好听众

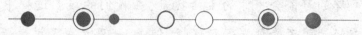

  卡尔在纽约出版商格林伯所主办的一个晚宴上，见到了一个著名的植物学家。卡尔以前从没有跟植物学家谈过话，卡尔发现他很有意思。卡尔专注地坐在椅子边沿倾听着他谈论大麻、印度以及室内花园。

  他还告诉卡尔有关马铃薯的一些惊人事实。卡尔自己有一座室内花园——他真好，耐心地教卡尔如何解决植物生长的一些难题。几个小时过去，午夜来临了，卡尔向每一个人道了别，走了。

  那位植物学家接着转向他们的主人，说了几句赞美卡尔的话，说他是"最有意思"的人。他最后说，卡尔是一个"最有意思的谈话家"。

  一个最有意思的谈话家？卡尔？他几乎没有说过什么话；如果卡尔要说话而不改变话题的话，他也说不出什么，因为卡尔对植物，就像对企鹅解剖一样一窍不通。

  但是卡尔做到了这点：专心地听讲。因为卡尔真诚地对他的谈话感兴趣，而他能够感觉到这一点，而这是对谈话者最好的赞美。

  专心地听别人讲话，是我们所能给予别人的最大的赞美。杰克乌弗在《陌生人在爱中》里写道："很少人经得起别人专心听讲所给予的暗示性赞美。"

卡尔不只是专心听他讲话,卡尔还"诚于嘉许,宽于称赞"。

点击成长:

在他人生气和愤怒时,你只要专心当一个听众就好。它能使怒火很快平息。

认真做自己

真正的荣耀

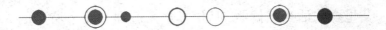

　　在美国耶鲁大学 300 周年校庆之际，全球第二大软件公司"甲骨文"的行政总裁、世界第四富豪艾里森应邀参加典礼。艾里森当着耶鲁大学校长、教师、校友、毕业生的面，说出一番惊世骇俗的言论。他说：所有哈佛大学、耶鲁大学等名校的师生都自以为是成功者，其实你们全都是失败者，因为你们以在有过比尔·盖茨等优秀学生的大学读书为荣，但比尔·盖茨却并不以在哈佛读过书为荣。

　　这番话令全场听众目瞪口呆。至今为止，像哈佛、耶鲁这样的名校从来都是令几乎所有人敬畏和神往的，艾里森也太狂了点儿吧，居然敢把那些骄傲的名校师生称为"失败者"。这还不算，艾里森接着说："众多最优秀的人才非但不以哈佛、耶鲁为荣，而且常常坚决地舍弃那种荣耀。世界第一富豪比尔·盖茨，中途从哈佛退学；世界第二富豪保尔·艾伦，根本就没上过大学；世界第四富豪，就是我艾里森，被耶鲁大学开除；世界第八富豪戴尔，只读过一年大学；微软总裁斯蒂夫·鲍尔默在财富榜上大概排在十名开外，他与比尔·盖茨是同学，为什么成就差一些呢？因为他是在读了一年研究生后才恋恋不舍地退学的……"

艾里森接着"安慰"那些自尊心受到一点伤害的耶鲁毕业生,他说:"不过在座的各位也不要太难过,你们还是很有希望的,你们的希望就是,经过这么多年的努力学习,终于赢得了为我们这些人(退学者、未读大学者、被开除者)打工的机会。"

艾里森的话当然偏激,但并非全无道理。几乎所有的人,包括我们自己,经常会有一种强烈的"身份荣耀感"。我们以出生于一个良好的家庭为荣,以进入一所名牌大学读书为荣,以有机会在国际大公司工作为荣。不能说这种荣耀感是不正当的,但如果过分迷恋这种仅仅是因为身份带给我们的荣耀,那么人生的境界就不可能太高,事业的格局就不可能太大,当我们陶醉于自己的所谓"成功"时,我们已经被真正的成功者看成了失败者。

点击成长:

  真正成功的人是依靠个人奋斗取得成功的,而不是依靠家庭、学校、公司。不以自己的家庭、学历为荣,而以个人奋斗为荣,这也是一种习惯。

赶牛车

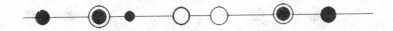

　　父子俩住在山上，每天都要赶牛车下山卖柴。父亲比较有经验，坐镇驾车，山路崎岖，弯道很多，儿子眼神比较好，总是在要转弯时提醒道："爹，转弯啦！"

　　有一次父亲因病没有下山，儿子一人驾车。到了弯道，牛怎么也不肯转弯，儿子用尽各种方法，下车又推又拉，用青草诱导，牛还是一动不动。

　　到底是怎么回事？儿子百思不得其解。最后只有一个办法了，他左右看看无人，贴近牛的耳朵大声叫道："爹，转弯啦！"

　　牛应声而动。

点击成长：

　　一个令人忍俊不禁的故事，然而却蕴含了一定的哲理。牛是靠着条件反射生活，人则是靠着习惯生活。一个人若有无数的良好习惯，那么人生也会美好而顺利。所以，要不断培养好的习惯，改正坏的习惯，必定会有一个好的人生。

冶炼金子的香蕉树

泰国有个叫奈哈松的人,一心想成为大富翁,他觉得成功的捷径便是学会炼金术。他把全部的时间、金钱和精力都用在了炼金术的实践中。不久,他花光了自己的全部积蓄,家中变得一贫如洗,连饭也吃不上了。妻子无奈,跑到父母那里诉苦,她父母决定帮女婿改掉恶习。他们对奈哈松说:"我们已经掌握了炼金术,只是现在还缺少炼金的东西。"

"快告诉我,还缺少什么东西?"

"我们需要3公斤从香蕉叶下收集起来的白色绒毛,这些绒毛必须是你自己种的香蕉树上的,等到收完绒毛后,我们便告诉你炼金的方法。"

奈哈松回家后立即将已荒废多年的田地种上了香蕉,为了尽快凑齐绒毛,他除了种自家以前就有的田地外,还开垦了大量的荒地。

当香蕉成熟后,他小心地从每张香蕉叶下搜刮白绒毛,而他的妻子和儿女则抬着一串串香蕉到市场上去卖。就这样,10年过去了,他终于收集够了3公斤的绒毛。这天,他一脸兴奋地提着绒毛来到岳父岳母的家里,向岳父岳母讨要炼金之术,岳父岳母让他打开了院中的一间房门,他立即看到满屋的黄金,妻子和儿女都站在屋中。妻子告诉他,这些金子都是用他 10 年里所种的香蕉换来的。面对满屋实实在在的黄金,奈哈松恍然大悟。从此,他努力劳作,终于成了一方富翁。

点击成长:

在通往理想的道路上,人人都想要尽快取得成功,因而历尽千辛万苦寻找捷径,其实,要想实现理想的捷径便是脚踏实地、积极肯干。否则你的一生只是浪费在寻找捷径的路上。

让脚踏实地成为你一生的良好习惯吧,你将会获得丰硕的成果。

想象的力量

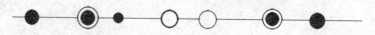

一个中学的篮球队做了一个实验，把水平相近的队员分为三个小组，告诉第一个小组停止练习自由投篮一个月；第二组在一个月中每天下午在体育馆练习一小时；第三组在一个月中每天在自己的想象中练习一个小时投篮。

结果，第一组由于一个月没有练习，投篮平均水平由 39% 降到 37%，第二组由于在体育馆坚持了练习，平均水平由 39% 上升到 41%，第三组在想象中练习的队员，平均水平却由 39% 提高到 42.5%。

这真是很奇怪！在想象中练习投篮怎么能比在体育馆中练习投篮要提高得快呢？很简单，因为在你的想象中，你投出的球都是中的！成功者就是这样，在办公室、运动场不断地锻炼着自己，他们创造或模拟他们想要获得的经历，他们模拟成功，仿佛他们是第一个。成功者就是这样"表里如一"的人们。

调查资料表明，世界上许多卓越的成功者，几乎每个人都是心理模拟方面的大师。他们懂得让自我修养处于不断的提高中。他们虽然有时没有工作，但他们在不停顿的练习中使自己对待艰苦的工作更为坚强了。他们知道想象是最好的工具,想象是成功者的天地。

点击成长:

　　半途而废的人是不会成功的。成功的人从来就不会低头,他们不断地鞭策自己、鼓励自己,然后反复去练习、实践,直至成功。

　　不断地练习,永不停顿,哪怕是在想象中练习,就让成功成为你的习惯吧!

空想不是行动

　　西方精神分析学大师弗洛伊德将一切艺术家创作过程中的空想归为"白日梦"的忘我行为。他认为,白日梦就是人在现实生活中由于某种欲望得不到满足,于是通过一系列的幻想在心理上实现该欲望,从而为自己在虚无中寻求到某种心理上的平衡。

　　弗氏理论还提出了一个关键性的词:逃避。也就是说,过分沉湎于空想的人必定是一个逃避倾向很浓的人。此言一语中的,这正是空想带给人的极大危害性。下面的故事生动地说明空想的危害。

　　一年夏天,一位来自马萨诸塞州的乡下小伙子登门拜访年事已高的爱默生。小伙子自称是一个诗歌爱好者,从7岁起就开始进行诗歌创作,但由于地处偏僻,一直得不到名师的指点,因仰慕爱默生的大名,故千里迢迢前来寻求文学上的指导。

　　这位青年诗人虽然出身贫寒,但谈吐优雅,气度不凡。老少两位诗人谈得非常融洽,爱默生对他非常欣赏。

　　临走时,青年诗人留下了薄薄的几页诗稿。

　　爱默生读了这几页诗稿后,认定这位乡下小伙子在文学上将会前途无量,决定凭借自己在文学界的影响大力提携他。

爱默生将那些诗稿推荐给文学刊物发表，但反响不大。他希望这位青年诗人继续将自己的作品寄给他。于是，老少两位诗人开始了频繁的书信来往。

青年诗人的信写了几页，大谈特谈文学问题，激情洋溢，才思敏捷，表明他的确是个天才诗人。爱默生对他的才华大为赞赏，在与友人的交谈中经常提起这位诗人。青年诗人很快就在文坛有了一点小小的名气。

但是，这位青年诗人以后再也没有给爱默生寄诗稿来，信却越写越长，奇思异想层出不穷，言语中开始以著名诗人自居，语气越来越傲慢。

爱默生开始感到了不安。凭着对人性的深刻洞察，他发现这位年轻人身上出现了一种危险的倾向。

通信一直在继续。爱默生的态度逐渐变得冷淡，成了一个倾听者。

很快，秋天到了。

爱默生去信邀请这位青年诗人前来参加一个文学聚会。他如期而至。

在这位老作家的书房里，两人有一番对话：

"后来为什么不给我寄稿子了？"

"我在写一部长篇史诗。"

"你的抒情诗写得很出色，为什么要中断呢？"

"要成为一个大诗人就必须写长篇史诗，小打小闹是毫无意义的。"

"你认为你以前的那些作品都是小打小闹吗？"

"是的，我是个大诗人，我必须写大作品。"

"也许你是对的。你是个很有才华的人，我希望能尽早读到你的大作品。"

"谢谢，我已经完成了一部，很快就会公之于世。"

文学聚会上，这位被爱默生所欣赏的青年诗人大出风头。他逢人便谈他的伟大作品，表现得才华横溢，锋芒咄咄逼人。虽然谁也没有拜读过他的大作品，即便是他那几首由爱默生推荐发表的小诗也很少有人拜读过。但几乎每个人都认为这位年轻人必将成大器。否则，大作家爱默生能如此欣赏他吗？

转眼间，冬天到了。

青年诗人继续给爱默生写信，但从不提起他的大作品。信越写越短，语气也越来越沮丧，直到有一天，他终于在信中承认，长时间以来他什么都没写。以前所谓的大作品根本就是子虚乌有之事，完全是他的空想。

他在信中写道："很久以来我就渴望成为一个大作家，周围所有的人都认为我是个有才华有前途的人，我自己也这么认为。我曾经写过一些诗，并有幸获得了阁下您的赞赏，我深感荣幸。"

"使我深感苦恼的是，自此以后，我再也写不出任何东西了。不知为什么，每当面对稿纸时，我的脑中便一片空白。我认为自己是个大诗人，必须写出大作品。在想象中，我感觉自己和历史上的大诗人是并驾齐驱的，包括和尊贵的阁下您。"

"在现实中，我对自己深感鄙弃，因为我浪费了自己的才华，再也写不出作品了。而在想象中,我是个大诗人,我已经写出了传世之作,已经登上了诗歌的王位。"

"尊贵的阁下,请您原谅我这个狂妄无知的乡下小子……"

从此后,爱默生再也没有收到这位青年诗人的来信。

点击成长:

　　人不能只靠空想来度过人生,有空想,有幻想就要用行动来实现。想到了就去做,踏踏实实地走自己的人生路。

海星的命运

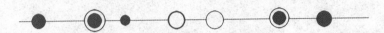

当有人需要你伸出援助之手时,你是感叹自己能力有限,无法帮助他们而失落、袖手旁观呢? 还是抱着尽力而无悔的态度认认真真地去帮一个是一个呢?

有一个人到美丽的墨西哥旅游。一天黄昏,夕阳无限好,他便在一个海滩边上悠然自得地漫步,忽然看见远处有一个人在不停地蹲下、起立,然后再甩手,好像在跳舞似的。走近些时,他发现原来是一位土著人在沙滩上拾起一些东西,然后用力地抛到海里去,并且重复不停地把拾起的东西扔到海里。

他觉得很好奇,便再走近些,他看清楚原来这土著人在不停地拾起由潮水冲到沙滩上的海星,用力地把它们抛回大海去。

他好奇地走过去,向土著人说:"晚安! 朋友,我不明白你在干什么。"

那人说:"我把这些海星抛回海里。你看,现在正是退潮时,海滩上这些海星全是被潮水冲到岸上来的,如果不把它们送回大海去,这些海星很快便会因缺氧而死去!"

"我明白。不过,这海滩有数不尽的海星,成千上万的,你是不是有能力把它们全部送回大海呢？如果你真能做到,试想,这海岸还有很多海滩,你又哪有这么多工夫去处理呢？你可知道你所做的作用不大啊!"

那位土著人微笑着,没有理会,继续拾起另一只海星,一边抛一边说:"但起码我改变了这只海星的命运呀!"

点击成长:

"勿以恶小而为之,勿以善小而不为。"认真做好每一件你力所能及的事情,一点一滴积累起来,就可以构建惊人的辉煌。从琐碎的小事做起,你将有所建树,也许在无意中你已经改变了整个世界。

请不要忽略那些微不足道的小事,认真做吧,养成习惯,世界会因此而美好。

使用正确的方法

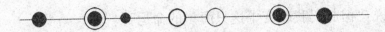

  罗杰走下码头,看见一些人在钓鱼。出于好奇,他走近去看当地有什么鱼,好家伙,看到的是满满一桶鱼。

  那只桶是一位老人的,他面无表情地从水中拉起线,摘下鱼,丢到桶里,又把线抛回水里。他的动作更像一个工厂里的工人,而不像是一个垂钓者在揣摩钓钩周围是否有鱼。他知道鱼会来的。

  罗杰发现,不远的地方还有七个人在钓鱼,老人每从水中拉上一条鱼,他们就大声抱怨一阵,抱怨自己仍然举着一根空杆。

  这样持续了半小时,老人猛地拉线、收线七个人嘟嘟囔囔地看他摘鱼,又把线抛回去。这段时间其他人没有一个钓上过鱼,尽管他们只处在距老头儿十几米远的地方。真太有意思了!

  这是怎么回事儿? 罗杰走近一步想看个究竟。原来那些人都在甩锚钩儿(甩锚钩儿是指人们用一套带坠儿的钩儿沉到水里猛地拉起,希望凑巧挂住一群游过去的小鱼当中的某一条)。这七个人都拼命地在栈桥下面挥舞着胳臂,试图钓起一群群游过的小鱼中的某条鱼。而那位老头儿只是把钩沉下去,等一会儿,感到线往下一拖,然后猛拉线,当然,他有鱼钓上来了。

老人收获了鱼,而他百发百中的秘密在于:只在钩子上放用一点诱饵而已!他一把线放下去,鱼就会开始咬饵食,他会感觉线动,然后再把鱼钩从厚厚的一群鱼当中一拉,有啦!

完全使罗杰吃惊的不是那位老人简单的智慧,而是这样一种事实:那一群嘟嘟囔囔的人看得很清楚老人在干什么,他是怎样使用最简单的方法获得超级效果的,但他们却不愿学习,因此,他们没有收获!

点击成长:

成功的秘密就在于采取正确的方法。许多人谈起如何成功来会讲得头头是道,然而自己却根本找不到正确的方法,所以,一生只会一事无成。

习惯主宰人生

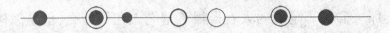

　　世界上的一家大图书馆被烧之后,只有一本书保存了下来,但并不是一本很有价值的书。一个识得几个字的穷人用几个铜板买下了这本书。这本书并不怎么有趣,但这里面却有一个非常有趣的东西!那是窄窄的一条羊皮纸,上面写着"点金石"的秘密。

　　点金石是一块小小的石子,它能将任何一种普通金属变成纯金。羊皮纸上的文字解释说,点金石就在黑海的海滩上,和成千上万的与它看起来一模一样的小石子混在一起,但秘密就在这儿。真正的点金石摸上去很温暖,而普通的石子摸上去是冰凉的。

　　然后,这个人变卖了他为数不多的财产,买了一些简单的装备,在海边扎起帐篷,开始检验那些石子。这就是他的计划。

　　他知道,如果他捡起一块普通的石子并且因为它摸上去冰凉就将其扔在地上,他有可能几百次地捡拾起同一块石子。所以,当他摸着冰凉的石子的时候,他就将它扔进大海里。他这样干了一整天,却没有捡到一块是点金石的石子。

　　然后他又这样干了一个星期,一个月,一年,三年,但是他还是没有找到点金石。然而他继续这样干下去,捡起一块石子,是凉的,将它扔进海里，又去捡起另一颗，还是凉的，再把它扔进海里，又一颗……

但是有一天上午他捡起了一块石子，而且这块石子是温暖的……他随手就把它扔进了海里。他已经形成了一种习惯，把他捡到的所有石子都扔进海里。他已经如此习惯于做扔石子的动作，以至于当他真正想要的那一个到来时，他也还是将其扔进了海里！

点击成长：

习惯具有一种强大的力量，它能够主宰人的一生。好的习惯可以帮助你走向成功，而坏的习惯则会阻碍你走向成功。因此，我们每个人都要养成良好的习惯，不论是学习还是工作，不论是为人还是处事，生活的各个方面都要有良好的习惯。养成良好的习惯，你将会受益终生。

开启心灵之窗

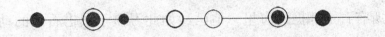

　　眼睛是心灵的窗户，可是窗户也会因蒙上灰尘而让我们看得不够真切，甚至从那模糊的窗子里看到的一切反而会使我们心生误解。

　　在从纽约到波士顿的火车上，托马斯发现他隔壁座位的老先生是位盲人。

　　托马斯的博士论文指导教授也是位盲人，因此他和这位老盲人谈起话来一点困难也没有，他还弄了杯热腾腾的咖啡给他喝。

　　当时正值洛杉矶种族暴乱的时期，他们因此就谈到了种族偏见的问题。

　　老先生告诉托马斯，他是美国南方人，从小就认为黑人低人一等，他家的佣人是黑人，他在南方时从未和黑人一起吃过饭，也从未和黑人一起上过学。到了北方念书，有一次他被班上同学指定办一次野餐会，他居然在请帖上注明"我们保留拒绝任何人的权利"。在南方这句话就是"我们不欢迎黑人"的意思，当时举班哗然，他还被系主任抓去骂了一顿。

　　他说有时碰到黑人店员，付钱的时候，他总将钱放在柜台上，让黑人去拿，不肯和黑人的手有任何接触。

托马斯笑着问他："那你当然不会和黑人结婚了。"

他大笑起来："我不和他们来往，如何会和黑人结婚？说实话，我当时认为任何白人和黑人结婚，都会使其父母蒙辱。"

老人说他在波士顿念研究生的时候，发生了车祸。虽然大难不死，可是眼睛完全失明，什么也看不见了。他进入一家盲人重建院，在那里学习如何用点字技巧，如何靠手杖走路等，慢慢地他终于能够独立生活了。

他说："我最苦恼的是，我弄不清楚对方是不是黑人。我向我的心理辅导员谈这个问题，他也尽量开导我，我非常信赖他，什么都告诉他，将他看成良师益友。有一天，那位辅导员告诉我，他本人就是黑人。从此以后，我的偏见就完全消失了。我看不出对方是白人还是黑人，对我来讲，我只知道他是好人，不是坏人，至于肤色，对我已毫无意义了。"

车快到波士顿了，老先生说："我失去了视力，也失去了偏见，这是一件多么幸福的事。"

在站台上，老先生的太太已在等他，两人亲切地拥抱。托马斯猛然发现，他太太竟是一位满头银发的黑人。托马斯这才发现，自己虽然视力良好，但自己的偏见还存在，这是多么不幸的事啊。

点击成长：

　　眼睛被称为心灵的窗户，我们如果只靠眼睛看待这个世界，很多时候会产生一些误解，所以，我们要用心去看待世界，这样，才能更清楚地了解这个世界。

　　用心去看，用心去感受，不要过分相信自己的眼睛，让此成为一种习惯吧。

认真做自己

　　很小的时候,家长、老师或是朋友都会经常问:"你的梦想是什么?"在回答这个问题的时候,你有没有认真地想一想自己适合做什么? 在成长的岁月中,你是否仍然可以坚持最初的那个的梦想,即使在碰到阻碍时。

　　漫画家蔡志忠15岁那年,刚上初中二年级,就带着画漫画赚来的250元稿费,到台北画漫画,闯天涯。他很快就面临学历的问题,在他打算到以外制电视节目而闻名的光启社求职时,看到求才广告上"大学相关科系毕业"一项条件,立即就傻眼了。不过他仍旧相信自己的实力,没有理会这项学历限制而加入了应征的行列。结果他击败了另外29名应征的大学毕业生,进入了光启社。

　　以后他在漫画界的表现如异军突起,尤其"庄子说""老子说"系列书被译成世界各国文字向国外输出后,他也一度成为全台湾纳税额最高的一位作家,他颇以此为荣。

　　而在连初中都没念完的情况下,是什么使他能有勇气踏入这个文凭至上的社会呢? 他说:"做人最重要的就是要了解自己。有人适合做总统,有人适合扫地。如果适合扫地的人以做总统为人生目标,那只会一生痛苦不堪，受尽挫折。而我，不偏不倚，就是适合做一个漫画家。我从小就知道自己能画，所以才15岁就开始专门地画，尽早地画，不停地画，终究画出了自己的一片天空。"

这也让人联想到巴西的世界足球王"黑珍珠"贝利，他曾经说："我是天生踢球的，就像贝多芬是天生的音乐家一样。"

我们身边也会有这样执着的人。有一位小学老师，从大学毕业后就想要教书，但因为不是师范院校的毕业生，当时没有找到教书的机会，她便到日本留学，攻读教育硕士学位。刚回国时，一时还找不到教职，她就到一家公司担任日文秘书，很得老板的信任，待遇也相当好。但是她仍不放弃想要教书的念头。后来，她参加了教师资格考试，考取后立刻辞去了秘书工作。

教书的薪水不如她担任秘书的薪水多，周围的朋友很不理解，以她的学历绝对可以去教高中，为什么要去教小学呢？她很坚定地说："我就是因为喜欢小孩子才选择这个工作呀！"有一回，一个熟人碰到她，问她近来如何。她长得胖胖的，是个很可爱的女孩子，她兴奋地答道："今天刚上过体育课。我也跟小朋友一起爬竹竿，我几乎爬不上去，全班的小朋友在底下喊'老师加油！老师加油！'我终于爬上去了，这是我自己当学生的时候都做不到的事呢！"

这是一个多么快乐、跟学生打成一片的好老师啊！而我们可以肯定的是，如果她因为薪水或是其他因素而违背自己的愿望，选择做个秘书，或者到年龄层比较高的学校教书，就不会那么快乐了。

点击成长：

在当今这个纷繁复杂的社会中，处处充满了诱惑，能够认真地按照自己的想法生活的人已经越来越少了。真正能够真切地做自己的人是多么让人羡慕，因为他们得到了自己想要的生活和快乐。

认真做自己吧，让此成为你一生的习惯。

勤奋比聪明更重要

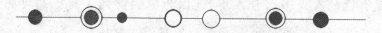

"院士"是一个光荣的称号，是对一个人所取得的成绩的肯定，但我们也不要把它想象得太遥远，觉得只有天才才能获此殊荣。其实，有不少院士在年轻的时候也和我们一样普通，他们之所以能成功，并不在于他们的天赋。

钟训正院士是东南大学建筑系的教授。有位记者在采访他所带的研究生和合作伙伴时，记录下了不少有关他的一些"傻"故事……

读大学时，钟训正因故晚了一个多月才到校，报到时"投影几何学"已经讲了不少。因此，他在课堂测验中，只能连猜带蒙地"答"，得分自然就"惨不忍睹"了。怎么办？钟训正的对策很简单——笨鸟先飞。每次课前必先认真预习，将新内容先领悟一下，课后再挤时间复习、补习。等到这门课结束时，他已经是班上做题速度最快、准确率最高的学生了。

钟训正把大部分精力用在了收集、抄录国外各种各样的建筑构造大样上了。他的恩师杨廷宝曾教导过他："不要囿于学习一家的技法，而应该尽量吸收各家所长，加以融会贯通。"他参加工作后，深感自己与许多建筑设计师一样，缺乏技术经验。终于，他的桌上堆起了八百多幅图纸,编著了那本在当时深受学生和设计师推崇的《国外建筑装修构造图》。钟训正日后形成的细腻、舒展的建筑风格,娴熟的建筑画技法,就是此时打下的基础。

后来,钟训正因主持设计的无锡太湖饭店新楼荣获国家教委优秀设计一等奖、建设部优秀设计二等奖的业绩,被学校作为访问学者派往美国印第安纳州包尔大学学习。尽管作为访问学者,工作清闲,待遇丰厚,而他却离开学校,跑到当地的建筑事务所去工作了。他的解释是:"我的外语底子不好,教课听课不方便。不如和实际接触,了解了解国外设计师的思想和操作过程。在实践中又能发挥出自己的才能,为国争光。"两年以后,钟训正在美国建筑界留下极好的口碑,并带回了美国建筑师打破常规的思维方式、追求建筑与环境浑然天成的设计思想和几人联手的合作小组形式。回国后,他联合孙钟阳、王文卿教授成立了"正阳卿工作组"。随着一个个优秀作品的问世,"正阳卿"闻名全国建筑行业。

近几年,一些地方在政府门前竞相建起"政府广场",一个比一个宽敞、豪华。钟训正曾就此问过一位地方官员:"上级领导有没有看过?"此官员得意地说:"看过,认为不错。"他又忍耐不住了,撰文《城市的绿化和公共活动空间》在媒体上呼吁:"停止这些劳民伤财的工程,多建造属于老百姓的绿地和公共活动场所。"据悉,此文发表后不久,上面就发文要求停建"政府广场"了。是不是该文章起了作用?钟训正自称"不可贪功",但他的见识和胆识,在建筑界得到了公认。

当年轻的大学生虔诚地请教其成功的秘诀时,钟训正院士坦言:"勤奋。"他说:"这比聪明更重要。只有真正投入进去,抛开名利得失,到达一种忘我甚至狂热的境界,才能有所作为。"这真是"金玉良言"啊!

点击成长:

俗话说:"笨鸟先飞,勤能补拙。"虽然每个人的智商和天赋存在着或多或少的差异,但是"勤奋"才是决定成功的最重要的因素。

勤奋也是一个好的习惯,如果你将勤奋变为自己的一个良好的习惯,那你的学习会越来越好,你的事业会越做越大,你的生活也会越来越顺心。所以,让我们每个人都养成勤奋的好习惯,那我们终将拥有美好的人生。

生命的支点

永不满足

　　这里有一位年轻律师,他曾经因为没有受过训练,只能靠挖壕沟过活。他刚步入社会的时候,在堪萨斯城一家贸易信托公司里当小职员。后来他移居到奥克拉荷马州的马歇尔市,进入谢尔石油公司做事。他爱上了市长的女儿爱英琳·英格,并且和她结了婚。不久,经济危机发生了,海威希和许多职员被解雇了。他受过的训练和经验都不够,没有办法担任一般文书以外的工作,他只好在每小时四毛钱的代价,在石油管工程里挖壕沟。

　　他回忆说:"我想办法改善生活,经营了一家小型高尔夫球场,再加上我太太在一家店里工作的收入,我们那几年的生活总算还过得去。后来我又被××石油公司启用了。我的工作是在会计部门整理有关投资的文书工作——但是我对于会计工作是一窍不通的。"只有一个办法,那就是学习。实际上我到奥克拉荷马法律会计学校的夜校去上课。我利用晚上的时间,来弥补我学问上的不足。

　　经过三年的学习,我的薪水加倍了。我又进入杜尔沙大学夜校的法律系上课,四年内修满全部学分,得到了学位,并且通过律师资格考试而成为合格的职业律师。

但是我仍然不满足,所以我又回到夜校上课,准备会计师资格考试。研究高等会计三年多以后,又学了一项公众演讲的课程。多年以来的夜校教育,使我的薪水比十二年前挖壕沟的时候增多了十二倍。

点击成长:

　　人是在不断地学习和工作中完善自己的,唯有永远向前、永不满足的人,才能达到更高的境界。学习是最好的途径,而孜孜以求的精神更是我们应当具备和学习的。

怀疑的勇气

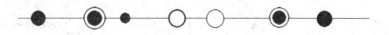

　　历史上有很多著名的科学家、哲学家,他们的名声是那么振聋发聩,以至于让人不敢挑战他们的权威。但他们的某些结论也不一定是真理、是金科玉律,当我们发现其中的错误时,你是否有勇气去提出、去证实?

　　伽利略凡事不但喜欢多想一想,还要去试一试。他在比萨母校任数学教授时,并不像其他人那样照宣亚里士多德的教条,而是大力提倡观察和实验。这在当时看来,简直是不知天高地厚。

　　1590 年,25 岁的伽利略对亚里士多德的一个经典理论——如果把两件东西从空中扔下,必定是重的先落地,轻的后落地提出了怀疑。伽利略认为不管是轻的还是重的,他们从高空落下时,都同时落地。当时亚里士多德的思想被奉为"金科玉律",自然没有人相信伽利略的话,于是伽利略决心搞一次实验,让人们亲眼看看。

　　这天,年轻的伽利略宣布要在比萨斜塔上进行一次试验,一些教授大为不满,便一起到校长面前告状。校长听了也很生气,但转念一想,这样也好,让他当众出出丑,也好杀杀他的傲气。

　　当伽利略左手拿一个铁球,右手拿重 10 倍的另一个铁球爬上斜塔七层的阳台时,塔下已是人头攒动,比萨大学的校长、教授、学生,还有许许多多看热闹的市民。就在这时,还是没有一个人相信伽利略是对的。

伽利略将身子从阳台上探出,当他两手同时撒开时,只见两只球从空中落下,齐头并进,眨眼之间,"咣当"一声,同时落地。塔下的人,一下子都懵了。先是寂静了片刻,接着便嗡嗡地嚷作一团。

这时,伽利略从塔上走下来。校长和几个老教授立即将他围住说:"你一定是施了什么魔术,让两个球同时落地,亚里士多德是绝对不会错的。"伽利略说:"不信,我还可以上去重做一遍,这回你们可要注意看着。"校长说:"不必做了,亚里士多德是靠道理服人的。重东西当然比轻东西落得快。这是公认的道理。就算你的实验是真的,但它不符合道理,也是不能承认的。"伽利略说:"好吧,既然你们不相信事实,一定要讲道理,我也可以来讲一讲。就算重物下落比轻物快吧,我现在把两个球绑在一起,从空中扔下,按照亚里士多德的道理,你们说说看,它落下时比重球快呢还是比重球慢?"

校长不屑一答地说道:"当然比重球要快!因为它是重球加轻球,自然更重了。"这时一个老教授忙将校长的衣袖扯了一下,挤上前来说:"当然比重球要慢。它是重球加轻球,轻球会拖拉它,所以下落速度应是两球的平均值,介乎重球和轻球之间。"伽利略不慌不忙地说道:"可是世上只有一个亚里士多德啊,按照他的理论,怎么会得出两个不同的结果呢?"

校长和教授们面面相觑,半天说不出话来。一会儿才突然醒悟到,他们本是一起来对付伽利略的,怎么能在伽利略面前互相对立起来呢？校长的脸一下红到脖根儿，气急败坏地喊道："你这是强辩，放肆！"

这时围观的学生"轰"的一声大笑起来。伽利略还是不动火，慢条斯理地说："看来还是亚里士多德错了！物体从空中自由落下时不管轻重，都是同时落地。"听了伽利略的这几句话，校长和那些教授再也想不出一句反驳的话来，于是亚里士多德的理论就这样轻易地被这个"初生牛犊"推翻了。

点击成长：

> 只有实践才是检验真理的唯一标准。对于那些所谓的金科玉律，我们要抱着怀疑的态度对它们加以论证，如果发现有错误，一定要不为权威所屈服，勇敢地指出并且证明自己。养成一种用事实说话的习惯，我们会受益匪浅。

困境即是赐予

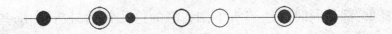

　　一个障碍，就是一个新的已知条件，只要愿意，任何一个障碍，都会成为一个超越自我的契机。

　　有一天，素有森林之王之称的狮子，来到了天神面前："我很感谢你赐予我如此雄壮威武的体格和如此强大无比的力气，让我有足够的能力统治这整片森林。"

　　天神听了，微笑地问："但是这不是你今天来找我的目的吧！看起来你似乎为了某事而困扰呢！"

　　狮子轻轻吼了一声，说："天神真是了解我啊！我今天来的确是有事相求。因为尽管我的能力再好，但是每天鸡鸣的时候，我总是会被鸡鸣声给吓醒。神啊！祈求您，再赐给我一个力量，让我不再被鸡鸣声给吓醒吧！"

　　天神笑道："你去找大象吧，它会给你一个满意的答复的。"

　　狮子兴冲冲地跑到湖边找大象，还没见到大象，就听到大象跺脚所发出的"砰砰"响声。

　　狮子加速地跑向大象，却看到大象正气呼呼地直跺脚。

　　狮子问大象："你干吗发这么大的脾气?"

大象拼命摇晃着大耳朵，吼着：“有只讨厌的小蚊子，总想钻进我的耳朵里，害得我都快痒死了。”

狮子离开了大象，心里暗自想着：“原来体型这么巨大的大象，还会怕那么瘦小的蚊子，那我还有什么好抱怨的呢？毕竟鸡鸣也不过一天一次，而蚊子却是无时无刻地骚扰着大象。这样想来，我可比他幸运多了。”

狮子一边走，一边回头看着仍在跺脚的大象，心想：“天神要我来看看大象的情况，应该就是想告诉我，谁都会遇上麻烦事，而他并无法帮助所有人。既然如此，那我只好靠自己了！反正以后只要鸡鸣时，我就当作鸡是在提醒我该起床了，如此一想，鸡鸣声对我还算是有益处呢。”

点击成长：

生活中，我们时常会遇到一些麻烦、不顺心的事情，这个时候，有些人总是习惯地开始抱怨老天的不公，然后祈祷上天能够帮助我们、给予我们力量。其实，老天对任何人都是公平的，就像它对狮子和大象一样。所以，我们要养成依靠自己、正确面对挫折的好习惯。

不可缺少的细心

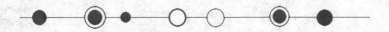

旧金山一家书店的记账员因为账目不清,连续三个星期夜以继日地查账,但最后还是没有发现错在哪里。账面上明明有900元的亏空,却怎么也查不出来。他一遍又一遍地核对每一笔交易的收入和支出情况,一遍又一遍地把账目核对后再加起来,直到最后快要把他逼疯了,但还是查不出到底错在哪里。

最后,书店的经理单独把他叫去的时候,他此时已经是筋疲力尽,几乎要崩溃了。经理和他两个人重新翻开了账本,从头到尾又核对了一遍,但是900元账目的亏空还是查不出来。

于是,他们就把当班的书店营业负责人叫了进来,然后大家再次核对这900元的账目。这一次,没费多大的工夫,他们就查出问题所在了。

"看,是这儿!这里应该是1000元!"那个营业人员说,"但是,怎么就把它记成了1900元呢?"

经过仔细的检查才发现,账本上粘住了苍蝇的一条腿,正好粘在1000元数额上第一个零的右下角,于是1000元就变成1900元了。

点击成长：

　　有些人做事经常粗心大意，他们翻箱倒柜地找自己放的东西，不明白自己读过的书究竟掌握了没有，算过的账目会涂改很多次，也不能做到准确无误。这样的恶习不但损害了自己，不利于自己前途的发展，而且有时还会殃及他人。

　　即使是最伟大的事业也往往是由最细小的事情点滴汇集而成的，生活同样如此，是由许多无足轻重的看上去很琐碎的事情汇集而成的，正是它们构成了生命的全部内涵。千万不能因为事小而麻痹大意，忘了细心的重要性。

生命的蓝缎带

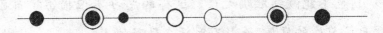

　　飘在风中的蓝缎带是一面生命的旗帜，是创造价值的象征，它能时时提醒拥有它的人去感谢周围的人，它能帮助自己更好地认识自己的优点、长处和价值？

　　我们很容易看到别人的优点。像某人很漂亮啦，工作能力很强啦，人缘很好啦，但我们很少能看到自己的长处及自己的价值。这也许是一种传统教育下过度谦虚的表现，因为要严以律己，所以对自己的要求与批评就很多，期望也就过高，常常造成否定自己的心态；认为自己很多地方都不够好，久而久之，就产生了自卑感，失去了自信心，认为自己的存在没什么价值，因而活得非常消沉，甚至厌世。

　　有一个故事十分发人深省：一位女士给了一个朋友 3 条缎带，希望他能送给别人。这位朋友送了一条给他不苟言笑、事事挑剔的上司，他觉得由于他的严厉使他多学到许多东西，另外他还多给了上司一条缎带，希望他的上司能拿去送给另外一个影响他生命的人。他的上司非常讶异，因为所有的员工一向对他是敬而远之。他知道自己的人缘很差，没想到还有人会感谢他严苛的态度，把它当作是正面的影响，而向他致谢，这使他的心顿时柔软起来。

这个上司一个下午都若有所思地坐在办公室里,而后他提早下班回家,把那条缎带给了他正值青少年期的儿子。他们父子关系一向不好,平时他忙着公务,不太顾家,对儿子也只有责备,很少赞赏。那天他怀着一颗歉疚的心,把缎带给了儿子,同时为自己一向的态度道歉。他告诉儿子,其实他的存在带给他这个父亲无限的喜悦与骄傲,尽管他从未称赞他,也少有时间与他相处,但他是十分爱他的,也以他为荣。

当他说完了这些话,儿子竟然号啕大哭。他对父亲说,他以为他父亲一点也不在乎他,他觉得人生一点价值都没有,他不喜欢自己,恨自己不能讨父亲的欢心,正准备以自杀来结束痛苦的一生,没想到他父亲的一番言语,打开了心结,也救了他一条性命。

这位父亲吓出了一身冷汗,自己差点失去了独生的儿子而不自知。从此他改变了自己的态度,调整了生活的重心,重建了亲子关系,加强了儿子对自己的信心。就这样,整个家庭因为一条小小的缎带而彻底改观。

点击成长:

蓝缎带提醒着人们要多看看别人的优点,因而改变了许多人。要相信每一个人都能够创造奇迹,只有这样,我们才能够看到世界的光明、美好、温馨与和谐,也只有这样,才能够得到快乐的生活,进而用心地生活。所以要养成看到别人的价值、优点的好习惯。

成功的支点

　　一个爱睡懒觉、撒谎、骂人、办事拖拉、脾气暴躁的青年,在他的父母都拿他没有办法、快失去信心的时候,却在爷爷的管教下,最后成长为一名抗日义勇军的高级将领。那么,这位爷爷是怎么教育孙子的呢?

　　"给我一个支点,我就能撬动地球。"可是,在成功的路上,这个支点在哪里呢? 相信下面这个故事能给你一些启发。

　　那是半个多世纪前的一天。一个衣着整洁的妇人,头上顶着一口锅,进了山上的菩萨庙。战乱年代,这里很清净。许多人都逃命去了,只有一个独眼的白胡子老者在这里默默守着。

　　妇人进来后,看见老者正端坐在蒲团上,闭目养神。她没敢惊动他,只是静静地站在后边。过了许久,老者说:"你头上顶着什么?"

　　听见老者说话,那妇人立刻毕恭毕敬地回答:"我顶着生活来的……我们没法活了,您得帮帮我们。"

　　老者慢悠悠地说:"唉,这个世上唯一能帮助自己的,恐怕就是自己了。我能帮你们什么呢?"

　　妇人抢着说:"不,您能帮助我们,绝对能!"

"如果我帮不了你，或者，我不愿意帮呢?"老者突然转过身子来，眼睛直直地盯着妇人。

"那我就将生活放在这里……您看着办吧!"妇人将头上的锅放了下来，稍稍挺了挺乏累的身子。

"那好吧，你需要我帮你什么呢?"一阵沉默之后，老者说。

妇人听了很高兴，一边整理着有点散乱的头发一边说:"您好歹也是奇发的爷爷，现在奇发这么没有长进，您怎么能撒手不管呢?"

"奇发怎么啦?"

"他读书读不进去;种地又嫌没有出息;经商吧，贩了几次布，将家业快赔完了。后来，跟着奇能当兵，没过半年，又当逃兵跑了回来。奇能写信告诉我，说他弟弟太丢人了……奇发30好几了，难道我一个妇人家，能养活他一辈子吗?"说着说着，妇人已泪流满面。她继续哽咽着说:"要不是奇能经常寄点钱给我，我们怎么生活呀! 唉，他爷爷，您说说。"

"那能怨谁呢? 当初我替你们管教的时候，你们总是心疼……我这只眼睛是怎么看不见的啊!"老者激动了起来。

妇人见老者气愤了，急忙跪了下来:"爸爸，都是我不好! 您不要和我们晚辈计较，我心里也不是好受的啊!"她擦了擦脸上的泪水说:"那一次，如果不是我拖住您，护住这个小家伙儿，也不至于让他用笤帚戳瞎了您的眼睛……"

"好啦，好啦，别哭啦! 这个小子从小就顽皮。"

"您原谅我们啦? 爸爸。"

"原谅啦! 我都这么一把年纪了，还计较个啥……起来说话吧。"

公公和儿媳多年的恩怨就这样化解了。他们一起下了山,回到了家里。

那个独眼的白胡子老者回到家后,抓紧了对奇发的管教。那个妇人,再也不拦着了。

老者的管教从纠正奇发的各种坏习惯着手。用了不到三年的时间,奇发爱睡懒觉、撒谎、骂人、办事拖拉、脾气暴躁等等恶习,终于让爷爷给治住了。当爷爷认为他可以离开自己还能保持良好习惯以后,便送他去了黄埔军校。

后来奇发的发展就是很自然的事了。奇发在他火红的青春年代,成了抗日义勇军的高级将领,终于为国家、为人民立下了汗马功劳。

在奇发老年时,有一个学校请奇发老人给学生们讲话。他讲了许多关于做人的道理,在结束的时候他意味深长地说道:"一个人成功的支点,就是自己长期养成的习惯。"

点击成长:

这个故事告诉我们:良好的习惯是成功的支点。在我们成长的过程中,正是培养良好习惯的绝佳时机,如果我们养成了很多好的习惯,那么在未来的道路上就会越来越顺利。如果培养出的全是坏习惯,那么我们必定会为此付出代价。

挑战自我才能进步

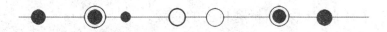

一位音乐系的学生走进练习室。在钢琴上,摆着一份全新的乐谱。

"超高难度……"他翻着乐谱,喃喃自语,感觉自己对弹奏钢琴的信心似乎跌到谷底,消磨殆尽。

已经三个月了! 自从跟了这位新的指导教授之后,不知道为什么教授要以这种方式整人。勉强打起精神,他开始用自己的十指奋战、奋战、奋战……琴音盖住了教室外面教授走来的脚步声。

指导教授是个极其有名的音乐大师。授课的第一天,他给自己的新学生一份乐谱。"试试看吧!"他说。乐谱的难度颇高,学生弹得生涩僵滞、错误百出。"还不成熟,回去好好练习!"教授在下课时,如此叮嘱学生。

学生练习了一个星期,第二周上课时正准备让教授验收,没想到教授又给他一份难度更高的乐谱,"试试看吧!"教授根本没有提上星期的课。学生再次挣扎于更高难度的技巧挑战。

第三周,更难的乐谱又出现了。两样的情形持续着,学生每次在课堂上都被一份新的乐谱所困扰,然后把它带回去练习,接着再回到课堂上,重新面临两倍难度的乐谱,却怎么样都追不上进度,一点也没有因为上周练习而有驾轻就熟的感觉,学生感到越来越不安、沮丧和气馁。

教授走进练习室,学生再也忍不住了。他必须向钢琴大师提出这三个月来何以不断折磨自己的质疑。

教授没开口,他抽出最早的那份乐谱,交给了学生。"弹奏吧!"他以坚定的目光望着学生。

不可思议的事情发生了,连学生自己都惊讶万分,他居然可以将这首曲子弹奏得如此美妙、如此精湛!教授又让学生试了第二堂课的乐谱,学生依然呈现出超高水准的表现……

演奏结束后,学生怔怔地望着老师,说不出话来。

"如果,我任由你表现最擅长的部分,可能你还在练习最早的那份乐谱,就不会有现在这样的程度……"钢琴大师缓缓地说。

点击成长:

习惯可以帮助你走向成功。如果你一味地用原来的水准要求自己,那么永远会停留在原地,如果不断挑战自己,就会不断地进步,养成一种挑战自我的好习惯,就会取得更高大的进步。

记住更多人的名字

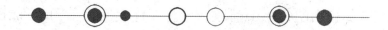

　　吉姆·弗雷德从小家境贫困,在他刚满 10 岁的时候父亲就早早地离开了人世,只留下身体单薄的母亲和年幼的弗雷德。

　　无论生活多么贫困,环境多么艰难,吉姆·弗雷德和他的母亲都从来没有放弃对生活的希望。尤其是弗雷德,凡是认识他的人几乎都会被他积极乐观的精神所感染。不过,初次与弗雷德接触时,大多数人还是忍不住对他的成功经历感到惊讶:吉姆·弗雷德小时候家境过于贫困而无钱读书,所以他的学历极其有限——事实上,他刚刚念完小学就被迫干起了临时工。可是在他 46 岁的时候却担任了国家邮政部长的职位,在他年近 50 岁的时候被美国的四所名牌大学授予荣誉学位,甚至罗斯福成功入主白宫,也得益于他的倾力帮助。

　　既没有显赫的家境,又没有高深的学历,吉姆·弗雷德究竟是靠什么取得成功的?几乎所有人都会带着这个疑问去向吉姆·弗雷德本人讨教。带着这个倍受众人关注的疑问,一位年轻的记者叩开了吉姆·弗雷德先生办公室的大门。吉姆·弗雷德本人十分健谈,年轻的记者和他交谈时感到从未有过的兴奋和愉快。

　　很快,年轻的记者就迫不及待地向弗雷德本人提出了自己一直以来都想了解的问题。他掩饰不住内心的激动，拿着采访笔记对弗雷德先生说："吉姆·弗雷德先生，我受很多年轻人的委托前来向您询问一件事情，不知道您是否愿意告诉我们真正的答案。"听到记者的话，弗雷德发出了爽朗的笑声，他亲切地对记者说："我会尽我所知地回答你提出的每一个问题，不过，在你提问之前，我可能已经对你的问题猜到了八九分。"记者先是感到纳闷，不过，他很快反应过来，对弗雷德说："那您说一说我想问的问题是什么。"

弗雷德说："你想问我的问题，很可能就是我能够取得今天的成就，其中是不是有什么秘诀。"听到吉姆·弗雷德本人如此坦诚地说出了自己心中疑惑很久的问题，年轻的记者突然感到轻松多了。他知道不用自己再问，弗雷德自己就会说出问题的答案。果然被记者猜中了，弗雷德接着就说："辛勤地工作，这就是我成功的秘诀。"记者对这个答案感到非常不满，他几乎想也没想就说："不，这不是我要的答案。我听说您至少能随口说出1万个曾经认识的人的名字，这才是您获得成功的秘诀。"年轻的记者以为弗雷德会赞成自己的观点，并且为自己了解这么多的信息而感到惊讶，没想到弗雷德却说："不，我至少能准确无误地说出5万个人的名字。并且，若干年后再遇见他们时，我依然会叫出他们的名字，我还会问候他们的妻子儿女，以及聊起与他们工作和政治立场等相关的各种事情。"

这下轮到记者感到惊讶了，他不由得问："为什么你能做到这些？你有特殊的记忆能力吗？"弗雷德接着回答道："没有，我只是在认识每一个人的时候，都会把他们的全名记在本子上，并且想办法了解对方的家庭、工作、喜好以及政治立场等，然后把这些东西全部深深地刻在脑海当中;下一次见面时,不论时隔多久,我都会把刻在脑海中的这些信息迅速拿出来。"

点击成长:

记住偶尔邂逅的朋友的名字,这不仅表现了对别人的尊重,也能让别人加深对你的印象。同样,能宽容别人是一件好事,但如果能将别人的错误忘得一干二净那就更好。

生存游戏

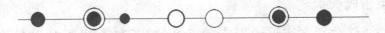

　　一路行军顺利的军队在遇到敌军时即成一盘散沙，未战而溃，而一直困难重重的军队却能攻下强敌，完成营救任务，其中原因，在你看完羊吃狗的生存游戏后便会恍然大悟了。

　　1942年的冬天，盟军的两支部队分别从红海东岸和地中海沿岸向驻扎在北非的一个德国军营挺进，任务是从那里的纳粹集中营里救出被关押的五百多名英国军人和北非土著。执行任务的是一支英国军队和一支美国军队。

　　英国军队穿过一段丛林，渡过尼罗河，一路上平平安安，没有敌军埋伏，甚至没有野兽袭击，行军非常顺利。

　　而美国军队则从红海东岸起程，需要穿过一段沙漠，渡过一条没有桥的河流，需要冲破敌人的两道防线，更要命的是在他们突破第二道防线后准备安营扎寨休整小憩之时，希特勒安置在苏丹东部的一支部队向他们扑来。而此时，他们已经疲惫不堪了。

　　十天后，盟军按计划拿下了阿尔及利亚东部的德军驻扎点，营救成功。谁也想不到，立下这一汗马功劳的不是英军，而是当时已经危在旦夕的美军。当德军追上来时，美军早已顺利完成任务，沿着英军的进军路线撤退了。撤退途中他们遇到一个英国士兵,英国士兵告诉他们:"我们的部队被德军突然冲散了……"

"一支强大的军队这样轻易地被……为什么?"美军指挥官斯特罗斯问。

英国士兵沉默了,因为他也不知道为什么。真正明白个中缘由时,他已经成了一位老人。战后他一直在一个山林里过着悠闲自在的狩猎生活,和他相伴的是一只勇猛的猎狗。1962年,他结束了打猎生涯,买了一座庄园,养起了一群鸡鸭,猎狗也成了庄园的主人。两个月后,一向威猛的猎狗开始不思茶饭萎靡不振起来,最多也就是百无聊赖地到庄园中间那个小山丘上逛一圈,然后无精打采地回到它的小房子里呼呼大睡,很快就瘦得像一具标本了。老士兵非常着急,但不知怎样才能改变现状。转眼到了冬天,一只觅食的苍鹰光临了他们的庄园,低低地在上空盘旋,猎狗突然双目发光,蹿起来冲着苍鹰狂叫,威风极了。那天,狗吃了许多东西。

有所醒悟的老兵从山里捕回一只狼,拴在庄园外的一棵树下。从此情况果然变了,只要看到狼,狗便显得非常精神,并且一天天胖了起来。

10年后,猎狗因年事已高病死了,老士兵去了日本旅游。他偶然看见几个孩子在玩一个叫作"生存"的游戏:一些卡片上分别有老虎、狼、狗、羊、鸡、猎人等图案,三个孩子各执一副,暗自出牌,虎能通吃,但两个猎人碰一块儿可以打死一只虎,一个猎人能打死一只狼,两只狼碰在一起可以吃掉一个猎人。有道理,老士兵想。但他发现,当每个孩子手里的虎和狼都灭亡后,一只羊就能吃掉一只狗。

羊怎么能吃掉狗呢？老士兵不解。三个孩子认真地说："当然，因为虎和狼没有了，狗正处在一种安逸和放松的享乐状态中，在我们的生存游戏中，此时不但一只羊能吃掉它，两只鸡碰在一起都能将它消灭。"

点击成长：

　　生于忧患，死于安乐。如果生活在毫无压力的状态下，人的意志很快就会消磨掉，但是，如果周围存在许多危机和竞争，人就会时刻保持警惕的意识。养成时刻清醒的习惯，才能够在竞争如此激烈的社会中立足。

凡事不可妄加判断

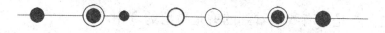

　　西班牙曾有位叫彼得罗一世的国王,他对于很多人来说,是正义的象征。

　　这天,彼得罗一世宣布他将公开选拔法官。

　　3个人毛遂自荐,一个是宫廷的贵族,一个是曾经陪伴国王南征北战的勇敢的武士,还有一个是普通的教师。

　　在宫廷人员和3个候选人的陪伴下,国王离开王宫,率领众人来到池塘边。池塘上漂浮着几个橙子。

　　"池塘上一共漂着几个橙子啊?"国王问贵族。贵族走到池塘边,开始数数。

　　"一共是6个,陛下。"

　　国王没有表态,继续问武士同样的问题:"池塘上一共漂着几个橙子啊?"

　　"我也看到了6个,陛下!"武士甚至没有走近池塘就直接回答了国王的问题。

　　国王没有说话。

　　"池塘里有多少个橙子啊?"他最后问教师。

教师什么也没有说,径直走近池塘,脱掉鞋子,进到水里,把橙子拿出。

"陛下,一共是 3 个橙子! 因为它们都被从中间切开了。"

"你知道如何执法。"国王说,"在得出最后的结论之前,应该证明,并不是所有我们看到的就是事情的真相。"

◆点击成长:

这个故事告诉我们,凡事不要妄加评判。如果养成了妄加评判的坏习惯,你就会失去很多重要的东西。

习惯的力量

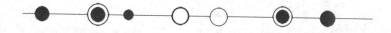

　　一根小小的柱子，一截细细的链子，拴得住一头千斤重的大象，这不荒谬吗？

　　然而这荒谬的场景在印度和泰国随处可见。那些驯象人，在大象还是小象的时候，就用一条铁链将它绑在水泥柱或钢柱上，无论小象怎么挣扎都无法挣脱。小象渐渐地习惯了不挣扎，直到长成了大象，可以轻而易举地挣脱链子时，也不挣扎。

点击成长：

　　大象由于习惯的束缚而不去挣脱绳索，可见习惯的作用多么强大。因此，我们要养成良好的习惯，摒弃那些不好的习惯。

成功的起点

诚实的习惯

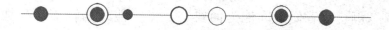

在一次世乒赛中，有一场球令人难忘。那只是一场淘汰赛，中国选手刘国正对德国选手波尔，胜者进入下一轮，负者则只有打道回府。

两强相遇，打得难解难分。在第 7 局也是决胜局里，刘国正以 13 比 12 落后，再输一分就将被淘汰。就是这关键的一分，刘国正的一个回球偏偏出界了！极度沸腾的场馆顿时寂静无声，观众们不敢相信眼前的一切，刘国正自己好像也蒙了，愣愣地站在那里；波尔的教练已经开始起立狂欢，准备冲进场内拥抱自己的弟子。

就在这一瞬间，波尔却优雅地伸手示意，指向台边——这是个擦边球，应该是刘国正得分。就这样，刘国正被对手从悬崖边"救"了回来，而且最终反败为胜。

这是一场足以震撼世人的经典之战！不仅是因为双方选手的高超球艺，也不仅是刘国正在绝境中的坚忍不拔，更因为波尔那个优雅的手势。

对于波尔，夺取世界冠军是他的夙愿，却屡屡失之交臂。这一次，他再次如此接近自己的梦想，只要赢下那一分，就可以顺利晋级。

而这个球是否擦边或许只在 0.01 厘米之间，观众看不到，对手也看不太清楚，即便是裁判也可能错判。

但是，波尔却毫不犹豫地选择了主动示意。波尔失利了，却赢得了异国观众雷鸣般的掌声。

赛后，记者们追问他为何要这么做。他只是轻描淡写地说了句："公正让我别无选择。"

波尔几乎是不假思索地做出的那个动作，说明诚实已成为他的一种下意识的举动。将诚实变成一种习惯，这位赛场上的失败者给我们上了一堂生动的人生之课。

> **点击成长：**
>
> 诚实是一种美德，它能够美化人的心灵，也能够美化世界，它能够温暖别人，也能够创造财富。
>
> 将诚实变为一种习惯，你必将取得成功。

公孙弘的智慧

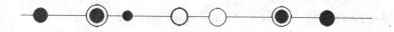

　　人的一生中难免会被人误解，那些误解可能会变成可怕的谣言，你是急着向所有的人澄清事实呢，还是不置可否、泰然处之，让时间去证明一切呢？

　　汉代公孙弘年轻时家庭非常贫穷，后来虽然贵为丞相，但生活依然十分俭朴，吃饭只有一个荤菜，睡觉只盖普通棉被。就因为这样，大臣汲黯向汉武帝参了一本，批评公孙弘位列三公，有相当可观的俸禄，却只盖普通棉被，实质上是使诈以沽名钓誉，目的是为了骗取俭朴清廉的美名。

　　汉武帝便问公孙弘："汲黯所说的都是事实吗？"公孙弘回答道："汲黯说得一点没错。满朝大臣中，他与我交情最好，也最了解我。今天他当着众人的面指责我，正是切中了我的要害。我位列三公而只盖棉被，生活水准和普通百姓一样，确实是故意装得清廉以沽名钓誉。如果不是汲黯忠心耿耿，陛下怎么会听到对我的这种批评呢？"汉武帝听了公孙弘的这一番话，反倒觉得他为人谦让，就更加尊重他了。

　　公孙弘面对汲黯的指责和汉武帝的询问，一句也不辩解，并全都承认,这是怎样的一种智慧呀!汲黯指责他"使诈以沽名钓誉",无论他如何辩解,旁观者都已先入为主地认为他也许在继续"使诈"。公孙弘深知这个指责的分量,采取了十分高明的一招,不作任何辩解,承认自己沽名钓誉。这其实表明自己至少"现在没有使诈"。由于"现在没有使诈"被指责者及旁观者都认可了,也就减轻了罪名的分量。公孙弘的高明之处,还在于对指责自己的人大加赞扬,认为他是"忠心耿耿"。这样一来,便给皇帝及同僚们这样的印象:公孙弘确实是"宰相肚里能撑船"。既然众人有了这样的心态,那么公孙弘就用不着去辩解沽名钓誉了,因为这不是什么政治野心,对皇帝构不成威胁,对同僚构不成伤害,只是个人对清名的一种癖好,无伤大雅。

点击成长:

　　以退为进,这是一种大智慧。当你遇到有人在不了解真相的情况下将一些莫须有的罪名加在你头上时,不要愤怒、辩解,这不会给你带来好处。事情的真相总会被发现,这样你会赢得别人的尊重。如果犯了错误就要勇于承认,才能够得到别人的谅解。养成在恰当时机采取恰当行动的习惯,这必将使你受益终生。

熟能生巧

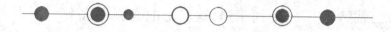

  山海关被誉为天下第一雄关,可在民间传说中却流传着"天下第一关"题字中的"一"字居然出自一位名不见经传的店小二之手。

  明朝万历年间,中国北方的女真为患。皇帝为了要抗御强敌,决心整修万里长城。当时号称天下第一关的山海关,因年久失修,其中"天下第一关"的题字中的"一"字,已经脱落多时。万历皇帝募集各地书法名家,希望恢复山海关的本来面貌。各地名士闻讯,纷纷前来挥毫,但是依旧没有一个人的字能够表达天下第一关的原味。皇帝于是再下诏告,只要能够中选的,就能够获得重赏。经过严格的筛选,最后中选的,竟是山海关旁一家客栈的店小二,真是跌破大家的眼镜。

  在题字当天,会场被挤得水泄不通,官家也早就备妥了笔墨纸砚,等候店小二前来挥毫。只见他抬头看着山海关的牌楼,舍弃了狼豪大笔不用,拿起一块抹布往砚台里一蘸,大喝一声:"一。"十分干净利落,立刻出现绝妙的"一"字。旁观者莫不给予惊叹的掌声。有人好奇地问他成功的秘诀,他久久无法回答。后来勉强答道:其实,我想不出有什么秘诀,我只是在这里当了三十多年的店小二,每当我在擦桌子时，我就望着牌楼上的"一"字，一挥一擦就这样而已。

原来这位店小二的工作地点，正好面对山海关的城门，每当他弯下腰，拿起抹布清理桌上的油污之际，这个视角正对准"天下第一关"的"一"字。因此，他不由自主地天天看、天天擦，数十年如一日，久而久之，就熟能生巧，巧而精通，这就是他能够把这个"一"字能够临摹到炉火纯青、惟妙惟肖的原因。

点击成长：

　　熟能生巧，巧能生精，只要不断练习，就能够创造出完美的成就。各行各业中的成功人士之所以取得成功，离不开的是专注、热情和勤奋。养成专注、热情和勤奋的好习惯吧，你终会取得成功。

诚实无价

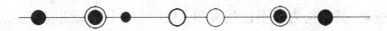

　　有一个农民,本来家里不怎么富裕,住在土坯盖的房子里。后来改革开放,他大胆地下海经商,不但赚了很多钱,还当了公司经理,于是就想拆掉老屋,盖一所新房子。

　　他把这件事和家里人商量了一下,家里人都同意,只有儿子壮壮舍不得。壮壮就出生在这所房子里,这是他童年的乐园,给他留下了许多美好的回忆。可是,房子确实很老了,已到不能不拆的地步。于是壮壮就答应:房子可以拆,但是他要亲眼看着房子被拆掉。父亲想了想就答应了。

　　爸爸决定第二天就拆。哪晓得,第二天下起了大雨,而且接连下了好几天,拆房子的事就这样耽搁了下来。

　　一转眼,开学的时间快到了,壮壮马上就要到外地读书。他就想晚去几天,了却他的一桩心愿。爸爸说什么也不答应,壮壮很伤心,就整天围着老房子转,希望把它深深地记在脑海里。看着儿子这么留恋老屋,爸爸也不忍心让他失望,就安慰他说:"爸爸等你放寒假的时候再拆房子,你安心读书就是了。"

　　壮壮上学走了。父亲想:孩子在学校里有趣的事很多,过几天就会把这事忘了。于是就把房子拆了。

快放假了，壮壮写信又提到老屋，说："在这所老房子里发生过许多有趣的事情，它是我童年的记忆，记载了我的成长历程。想到快到放假了，又能看到小屋了，心里就有说不出的激动。不过，这还要多谢爸爸，是爸爸为了不让我失望，才决定把小屋留到放寒假的。"

父亲读了信以后，又高兴又惭愧，高兴的是儿子有一颗容易感动的善良的心，惭愧的是自己低估了孩子的真挚感情。和儿子对自己的信任相比，自己真的太不守信用了。

于是，这位父亲就在原地又建了一所和原来一模一样的土屋，等儿子回来后，当着他的面把它拆掉。

许多人都不理解他的做法，认为他这是在无端地娇惯小孩子。可是这位父亲不这么认为，他说："当初是我背信弃义，欺骗了孩子，现在我是在弥补我的过失，做一个守信的父亲应该做的。只有这样，我才能重新让我的儿子相信我，在儿子面前树立威信。"

果然，壮壮知道这件事以后非常感动，决心向爸爸学习，立志做一个诚实守信的人。

诚信就是别人对你的信任，是多少钱也买不到的。玻璃杯可以买，但人的诚实是买不来的，是无价的。诚实是人生的命脉，是一切价值的根基。

点击成长：

　　有些承诺，可能仅仅只是你在不经意时的随口一说，但你完成了它，在别人的生命中，可能就开出了灿烂的鲜花，诚信能让你我都拥有快乐的人生，何乐而不为呢！

心态决定成败

　　在去美国西部淘金的过程中,有的人失败了,有的人却成功了,或者发了大财,或者开创了自己的事业。同样的机遇,不一样的结果,正如俗语所说:事在人为。

　　"牛仔大王"李维斯的西部发迹史中曾有这样一段传奇:当年他像许多年轻人一样,带着梦想前往西部追赶淘金热潮。

　　一日,突然间他发现有一条大河挡住了他前往西去的路。苦等数日,被阻隔的行人越来越多,但都无法过河。于是陆续有人向上游、下游绕道而行,也有人打道回府,更多的则是怨声一片。而心情慢慢平静下来的李维斯想起了有人传授给他的一个"思考致胜"的法宝,是这样一段话:"太棒了,这样的事情竟然发生在我的身上,又给了我一个成长的机会。凡事的发生必有其因果,必有助于我。"于是他来到大河边,"非常兴奋"地不断重复着对自己说:"太棒了,大河居然挡住我的去路,又给了我一次锻炼的机会,凡事的发生必有其因果,必有助于我。"果然,他真的有了一个绝妙的创业主意——摆渡。没有人吝啬一点小钱坐他的渡船过河,很快,他人生的第一笔财富居然因大河挡道而获得。

一段时间后,摆渡生意开始清淡。他决定放弃,并继续前往西部淘金。来到西部,四处是人,他找到一块合适的空地方,买了工具便开始淘起金来。没过多久,有几个恶汉围住他,叫他滚开,别侵犯他们的地盘。他刚理论几句,那伙人便失去耐心,一顿拳打脚踢。无奈之下,他只好灰溜溜地离开。好容易找到另一处合适的地方,没多久,同样的悲剧再次重演,他又被人轰了出来。在刚到西部的那段时间,他多次被欺侮。终于,最后一次被打之后,看着那些人扬长而去的背影,他又一次想起他的"致胜法宝":"太棒了,这样的事情竟然发生在我的身上,又给了我一次成长的机会,凡事的发生必有其因果,必有助于我。"他真切地、兴奋地反复对自己说着,终于,他又想出了另一个绝妙的主意——卖水。

西部黄金不缺,但自己无力与人争雄;西部缺水,可似乎没什么人能想到它。不久他卖水的生意便红红火火。慢慢地,也有人参与了他的新行业,再后来,同行的人已越来越多。终于有一天,在他旁边卖水的一个壮汉对他发出最后通牒:"小个子,以后你别来卖水了,从明天早上开始,这儿卖水的地盘归我了。"他以为那人是在开玩笑,第二天依然来了,没想到那家伙立即走上来,不由分说,便对他一顿暴打,最后还将他的水车拆烂了。李维斯不得不再次无奈地接受现实。然而当这家伙扬长而去时,他立即开始调整自己的心态,再次强行让自己兴奋起来,不断对自己说着:"太棒了,这样的事情竟然发生在我的身上,又给了我一次成长的机会,凡事的发生必有其因果,必有助于我。"

他开始调整自己注意的焦点。他发现来西部淘金的人,衣服极易磨破,同时又发现西部到处都有废弃的帐篷,于是他又有了一个绝妙的好主意——把那些废弃的帐篷收集起来,洗洗干净,就这样,他缝成了世界上第一条牛仔裤！从此,他一发不可收拾,最终成为举世闻名的"牛仔大王"。

点击成长:

　　即使遇到困难,也要微笑面对,对自己说:"太棒了,这样的事情竟然发生在我的身上,又给了我一次成长的机会,凡事的发生必有其因果,必有助于我。"用这句话来鞭策我们努力走出人生低谷。笑对人生,笑对失败,重整旗鼓,这将会成为你一生受益的好习惯。

铁钉与钻石

　　台湾著名作家吴淡如在《自在一点,勇敢一点》一文中,写出了她学舞的可贵经验。

　　她学的是佛朗明歌舞,这种舞最注重脚法,练了半天之后,好不容易记熟动作,但跳起来时,却只有一个"拙"字可以形容。她紧张兮兮地盯着自己的脚,生怕一步踏错,全盘皆输。

　　她的朋友是职业舞蹈演员,忍不住提醒她:"像你这样一直看着自己的脚,全然没有办法放松肢体,根本就享受不到跳舞的快乐。最糟的是:一个人如果跳舞时一直看着自己的脚,观众也会跟着注视你的脚,想知道到底出了什么问题;反之,如果你脸带微笑,大家便会看你的脸。"

　　吴淡如得到了启示,接下来,便把注意力从脚部移开,随着音乐节拍,抬头挺胸微笑,整体效果果然大有改进,而这几分钟的舞,过去有如芒刺在背,现在却是越跳越自然。

　　吴淡如指出:人人都有缺点,如果对自己的缺点太过在意,太想遮掩,反而会以瑕掩瑜;相反,承认它,面对它,慢慢地就不在乎了;而一旦你能以淡然的心态来看待自己的缺点,学习反而可以收到更好的效果。

读了这则散文，挚友阿丹的脸，突然浮了上来。

阿丹有个 18 岁的儿子阿雄，每回谈起他，她的脸便变成了苦瓜，她的声音也充满了涩意。她口里的他，有千种不是、万般不对，是个一无是处的人。可是，在别人眼中，阿雄偏又是个彬彬有礼而又能言善道的人。

有一次，在朋友的聚会中，有人称赞阿雄，阿丹生气地虎起双眼，尖声锐气地说：

"你们知道不知道，他是个双面人呢！外面的人对他印象不错，可他在家里却是神憎鬼厌。比如说吧，每回和我说话时，他嘴巴里总衔着一把刀，每句话都刺得我发痛……"

这时，好友阿叶冷静地开口了：

"阿丹，你对阿雄处处看不顺眼，事事听不顺耳，最大的症结，其实不是阿雄，而是你本身！"

阿丹怏怏地瞪着她，阿叶不慌不忙，继续说道：

"你的双眼，有两枚钉子；你的双耳，有两根长刺。你看他时，看到的是自己眼中的钉；你听他时，耳中的刺又在作怪。你试试看，拔去眼中的钉和耳内的刺，再去看，再去听，也许感受便完全不一样了。"

是的，老是盯着别人的缺点，不但自己不快乐，也会给别人永远贴上错误的"标签"。

点击成长：

　　不要总是盯着别人的缺点看，将目光放在别人的优点上，这样就会把那一枚枚刺痛自己的钉子变成闪耀的钻石，这样，世界在你的眼里就是美好、璀璨的。

　　让我们将这样的行为变成一种习惯，生活会变得更加美好、快乐。

坚持不懈的爱迪生

　　我们知道，爱迪生一生共有一千多项发明创造，有些发明创造已经获得惊人的成功，他本人也是享有盛名的。但是，他却从不止步于已取得的成绩，而是生命不息，创造不息。

　　电灯在今天已不足为奇了。但在 1880 年以前，电灯还仅有它的雏型，这就是当时最流行的弧光灯。这种灯是在电瓶两极的头上接两根木炭，通电后把这两极一碰，然后再把它分开，两极之间立刻发生火焰。由于两炭极是水平的，中间有热空气上升，两极间的火焰就向上微微弯曲好像弓形或弧形，所以被称为弧光灯。这种灯有不少缺点：要不断更换炭条，声响大，灯光效用小而又易伤目力，污浊空气，还有个大弊病就是一个回电流只能点一盏弧光灯。当时的一些著名科学家包括弧光灯的发明者都非常赞赏这种灯。但是，爱迪生却在 1877 年开始了改革弧光灯的试验，提出了要搞分电流（就是一个回电流点许多灯），变弧光灯为白光灯。

　　这项试验要达到满意的程度，必须找到一种能燃烧到白热状态的物质做灯丝，这种灯丝要经住热度在 2000 度 1000 小时以上的燃烧。同时用法要简单，能经受日常使用的碰击，价格要低廉，还要使一个灯的明和灭不影响另外任何一个灯的明和灭,保持每个灯的相对独立性。这在当时是极大胆的设想,需要下极大的功夫去探索,去试验。一些科学家都笑爱迪生是傻子,讽刺他"梦想,吹牛",还有几个学者用数学方法证明他这项研究是不可能成功的。但是爱迪生却始终充满信心,不断进行试验。

为了选择适合做灯丝用的物质,爱迪生先是用炭化物质做试验,失败后又以金属铂与铱高熔点合金做灯丝试验,总计做过一千六种不同的试验,结果都失败了。但这时他和他的助手们已取得了很大进展,已知道白热灯丝必须密封在一个高度真空玻璃球内(灯泡)才不易熔掉的道理。这样,他的试验又回到炭质灯丝上来了。他昼夜不息地用全部精力在炭化上下功夫,仅植物类的炭化试验就达六千多种。他的试验笔记簿多达二百多本,共计四万余页,先后经过三年的时间。他每天工作十八九个小时,每天清早三四点的时候,他才头枕两三本书,躺在实验用的桌子下面睡觉。有时他一天在凳子上睡三四次,每次只半小时,一觉醒来,又精力充沛地工作。

到了 1880 年的上半年,爱迪生的白热灯试验仍无结果。有一天,他把试验室里的一把芭蕉扇边上缚着一条竹丝撕成细丝,经炭化后做成一根灯丝,结果这一次比以前做的种种试验都优异,这便是爱迪生最早发明的白热电灯——竹丝电灯。这种竹丝电灯使用了好多年,直到 1908 年发明用钨做灯丝后才取代了它。

爱迪生在这以后开始研制碱性蓄电池,困难很大,他的钻研精神,更是十分惊人。这种蓄电池是用来供给原动力的。他和一个精选的助手苦心孤诣地研究了近 10 年的时间,经历了许许多多的艰辛与失败，一会儿他们以为走到目的地了，但一会儿又知道错了。但爱迪生从来没有动摇过，而是重新开始。大约经过 5 万次的试验，写成试验笔记一百五十多本，才达到目的。

他发明的蓄电池成功后，便办了一个蓄电池工厂，大批量生产，销路很好。可是过了一个时期，他发现蓄电池有毛病，一时又找不到原因，他决心要改进蓄电池。但是，改进需要时间，需要精力，同时工厂也要停业，这不仅可能降低他发明蓄电池的威信，经济上也将蒙受很大损失。然而他决然命令工厂即刻闭门停业。有许多使用他的蓄电池比较满意的人要求继续增加订货，他却一概不受。有人在经济上给他施加压力，他也毫不畏惧。结果，经他用心改进的蓄电池获得比预料还好的成功，很快畅销各地。他的这种精神，同当时"金玉其外，败絮其中"，掩饰劣货的商贾，形成鲜明的对照，博得了人们的尊敬与赞扬。

在他的发明创造中，能够引起当时社会震惊的，莫过于留声机了，这也是他的得意发明物。他是听力障碍者，能发明这样一个发声的机器已是令人惊骇了。但是，爱迪生在发明它之初，就一改再改。10 年过后，他又从架子上的尘埃中把留声机取下来，决然要改进它。他实实在在地连续工作了五天五夜之久，才获得了成功。还有这样的数字完全可以证明他的钻研精神：他仅在留声机上的发明专利权就超过 100 项。当我们看到今天的留声机的时候，不要忘记这上头渗透着爱迪生无数辛勤劳动的血汗。

点击成长：

　　爱迪生用自己永不满足的心态对自己的科学成果不断改进、完善，最终取得了惊人的成绩，这同他的坚持不懈是分不开的。我们在学习和生活中，也应该抱着坚持不懈的态度，永不休止地学习、钻研，养成这样的好习惯，我们将会取得惊人的成就。

送人鲜花，手有余香

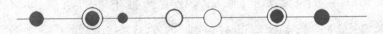

　　有一年，禅师在院子里种了一颗菊花。第三年的秋天，院子成了菊花园，香味一直传到了山下的村子里。凡是来寺院的人都忍不住赞叹道："好美的花儿呀！"

　　一天，有人开口，向禅师要几棵花种在自家院子里，禅师答应了。他亲自动手挑拣开得最鲜、枝叶最粗的几棵，挖出根须送到了别人家里。消息很快传开了，前来要花的人接连不断。不多日，院里的菊花就被送得一干二净。

　　没有了菊花，院子里就如同没有了阳光一样寂寞。秋天最后的一个黄昏，弟子看到满院的凄凉，说道："真可惜！这里本应该是满院香味的。"禅师笑着对弟子说："你想想，这样岂不是更好，三年后一村子菊香！"

　　"一村子菊香！"弟子不由心头一热，看着禅师，只见他脸上的笑容比开得最好的菊花还要灿烂。

　　禅师说："我们应该把美好的事与别人一起共享，让每一个人都感受到这种幸福，即使自己一无所有了，心里也是幸福的！这时候我们才真正拥有了幸福。"

点击成长：

　　与他人一起分享自己的幸福，你会觉得自己更加幸福了。同时，与他人分享的过程，也是与他人交流、沟通的过程。

不要惧怕,理清头绪

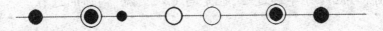

一个小伙子初次到工厂做车工,师傅要求他每天"车"完 3 万个铆钉。一个星期后,他疲惫不堪地找到师傅,说干不了想回家。

师傅问他:"一秒钟车完一个可以吗?"小伙子点点头,这是不难做到的。

师傅给他一块表,说:"那好,从现在开始,你就一秒钟车一个,别的都不用管,看看你能车多少吧。"

小伙子照师傅说的慢慢干了起来,一天下来,他不仅圆满完成了任务,而且居然没有累着。

师傅笑着对他说:"知道为什么吗?那是你一开始就给自己心里蒙上了一层阴影,觉得"3 万"是个多么大的数字。如果这样分开去做,不就是七八个小时吗?"

小伙子恍然大悟。

点击成长：

分开去做，听起来简单，实则蕴含着无穷的成功智慧。当我们被琐事压得无暇喘息时，不要忙乱，伸出手理理头绪，轻轻地，像拨开水面上的一块块浮冰。这个时候，成功的太阳，自然就会亮亮地照进你的心田。

遇到事情，不要慌张，理清头绪，养成这样的好习惯，必然终身受益。

儿子的男子气概

　　一位父亲很为他的儿子苦恼，都已经是十六七岁了，却一点男子汉的气概都没有。毫无办法之际，他去拜访一位拳师，请求这位武术大师帮助他训练他的儿子，重塑男子汉的气概。

　　拳师说："把你的孩子留在我这里半年，这半年里你不要见他，半年后，我一定把你的孩子训练成一个真正的男子汉！"半年后，男孩儿的父亲来接回男孩儿，拳师安排了一场拳击比赛来向这位父亲展示了这半年来的训练成果，被安排与男孩儿对打的是一名拳击教练。

　　教练一出手，这男孩儿便应声倒地。但是，男孩儿才刚刚倒地便立即站起来接受挑战。倒下去又站起来……如此来来回回总共二十多次。

　　拳师问这个父亲："你觉得你孩子的表现够不够男子汉气概？"

　　"我简直无地自容了，想不到我送他来这里训练半年多，我所看到的结果还是这么不经打，被人一打就倒。"父亲伤心的回答。拳师意味深长地说："我很遗憾，因为你只看到了表面的胜负，但你有没有看到你儿子倒下去又立刻站起来的勇气和毅力呢？那才是真正的男子汉气概！"

　　树根越是深入大地，越能挺拔向上；苔藓在被人遗忘的角落，仍有青春奋斗的足迹。只要站起来的次数比倒下去的次数多一次，那就是成功。

生活不要太苛刻

　　有一天,女儿走到她爸爸面前,问了一个问题:"爸爸,为什么东西总是很容易便弄乱了呢?"

　　爸爸便问道:"乖女儿,你这个'乱'字是什么意思?"

　　女儿说道:"你知道吗,那是指没有摆整齐。看看我的书桌,东西都没在一定的位置,这不叫作'乱'叫什么?昨天晚上我花了不少时间才把它重新摆整齐,可是就是没法保持很久,所以我说东西很容易便弄乱了。"

　　爸爸听完就告诉女儿说:"什么叫作整齐,你摆给我看看。"

　　于是,女儿便开始动手整理,把书桌上的东西都归位,然后说道:"请看,现在它不是整齐了吗?可是它没法保持多久。"

　　爸爸又再问她:"如果我把你的水彩盒往这里移动一二英寸,你觉得怎么样呢?"

　　女儿回答说:"不好,这么做书桌又弄乱了,你最好让桌面维护'规规矩矩'的,不要出现那些'脱线'情形。"

　　随之爸爸又问道:"如果我把铅笔从这儿移到那儿呢?"

　　"你又把桌面弄乱了。"女儿回答道。

"如果我把这本书打开呢？"他继续问道。

"那也叫作乱。"女儿再答道。

爸爸这时微笑着对女儿说道："乖女儿，不是东西很容易弄乱，而是你心里对于乱的定义太多了，但对于整齐的定义却只有一个。"

点击成长：

　　我们是不是也常常犯这样的错误呢？对于整齐的定义只有一个，对于乱的定义却很多。放下心中的苛刻条件，并且时刻提醒自己不要太苛刻，养成了这样良好的习惯，你便能够更好地生活。

最好的时机

叩响机会的大门

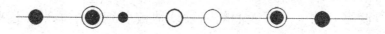

　　一天,在西格诺·法列罗的府邸正要举行一个盛大的宴会,主人邀请了一大批客人。就在宴会开始的前夕,负责餐桌布置的点心制作人员派人来说,他设计用来摆放在桌子上的那件大型甜点饰品不小心被弄坏了,管家急得团团转。

　　这时,西格诺府邸厨房里干粗活的一个仆人走到管家的面前怯生生地说道:"如果您能让我来试一试的话,我想我能造另外一件来顶替。"

　　"你?"管家惊讶地喊道,"你是什么人,竟敢说这样的大话?"

　　"我叫安东尼奥·卡诺瓦,是雕塑家皮萨诺的孙子。"这个脸色苍白的孩子回答道。

　　"小家伙,你真的能做吗?"管家将信将疑地问道。

　　"如果您允许我试一试的话,我可以造一件东西摆放在餐桌中央。"小孩子开始显得镇定一些。

　　仆人们这时都显得手足无措了。于是,管家就答应让安东尼奥去试试,他则在一旁紧紧地盯着这个孩子,注视着他的一举一动,看他到底怎么办。这个厨房的小帮工不慌不忙地要人端来了一些黄油。

不一会儿工夫，不起眼的黄油在他的手中变成了一只蹲着的巨狮。管家喜出望外，惊讶地张大了嘴巴，连忙派人把这个黄油塑成的狮子摆到了桌子上。

晚宴开始了。客人们陆陆续续地被引到餐厅里来。这些客人当中，有威尼斯最著名的实业家，有高贵的王子，有傲慢的王公贵族们，还有眼光挑剔的专业艺术评论家。但当客人们一眼望见餐桌上卧着的黄油狮子时，都不禁交口称赞起来，纷纷认为这真是一件天才的作品。他们在狮子面前不忍离去，甚至忘了自己来此的真正目的是什么了。

结果，这个宴会变成了对黄油狮子的鉴赏会。客人们在狮子面前情不自禁地细细欣赏着，不断地问西格诺·法列罗，究竟是哪一位伟大的雕塑家竟然肯将自己天才的技艺浪费在这样一种很快就会熔化的东西上。法列罗也愣住了，他立即喊管家过来问话，于是管家就把小安东尼奥带到了客人们的面前。

当这些尊贵的客人们得知，面前这个精美绝伦的黄油狮子竟然是这个小孩儿仓促间做成的作品时，都不禁大为惊讶，整个宴会立刻变成了对这个小孩儿的赞美会。富有的主人当即宣布，将由他出资给小孩儿请最好的老师，让他的天赋充分地发挥出来。

西格诺·法列罗果然没有食言，但安东尼奥没有被眼前的宠幸冲昏头脑，他依旧是一个淳朴、热切而又诚实的孩子。他孜孜不倦地刻苦努力着，希望把自己培养成为皮萨诺门下一名优秀的雕刻家。

点击成长：

　　机会的大门总是向有准备的人敞开的，只有你有充分的准备，不断地充实自己，才能被人们发现，进而赏识和信任你。因此，你必须勇于尝试，一次次地去叩响机会的大门，总有一扇会为你打开的。

学会认真思考

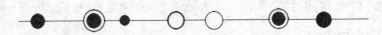

1921 年，印度科学家拉曼在英国皇家学会上作完声学与光学的研究报告，取道地中海乘船回国。甲板上漫步的人群中，一对印度母子的对话引起了拉曼的注意。

"妈妈，这个大海叫什么名字？"

"地中海！"

"为什么叫地中海？"

"因为它夹在欧亚大陆和非洲大陆之间。"

"那它为什么是蓝色的？"

年轻的母亲一时语塞，求助的目光正好遇上了在一旁饶有兴趣地倾听他们谈话的拉曼。拉曼告诉男孩儿："海水所以呈蓝色，是因为它反射了天空的颜色。"

在此之前，几乎所有的人都认可这一解释。它出自英国物理学家瑞利勋爵，这位以发现惰性气体而闻名于世的大科学家，曾用太阳光被大气分子散射的理论解释过天空的颜色。并由此推断，海水的蓝色是反射了天空的颜色所致。

但不知为什么，在告别了那一对母子之后，拉曼总对自己的解释心存疑惑,那个充满好奇心的稚童,那双求知的大眼睛,那些源源不断涌现出来的"为什么",使拉曼深感愧疚。作为一名训练有素的科学家,他发现自己在不知不觉中丧失了男孩儿那种到所有的"已知"中去追求"未知"的好奇心,不禁为之一震!

拉曼回到加尔各答后,立即着手研究海水为什么是蓝的,发现瑞利的解释实验证据不足,令人难以信服,决心重新进行研究。

他从光线散射与水分子相互作用入手,运用爱因斯坦等人的涨落理论,获得了光线穿过净水、冰块及其他材料时散射现象的充分数据,证明出水分子对光线的散射使海水显出蓝色的机理,与大气分子散射太阳光而使天空呈现蓝色的机理完全相同。进而又在固体、液体和气体中,分别发现了一种普遍存在的光散射效应,被人们统称为"拉曼效应",为20世纪初科学界最终接受光的粒子性学说提供了有力的证据。

1930年,地中海轮船上那个男孩儿的问号,把拉曼领上了诺贝尔物理学奖的奖台,成为印度也是亚洲历史上第一个获得此项殊荣的科学家。

点击成长:

　　机会一直在我们身边漫步,只是我们很少注意到它而已。其实只要我们认真倾听别人提出的问题,进行深入地思考和研究,直到得到满意答案为止,那成功就是自然而然的事情了。

抓住闲暇时光

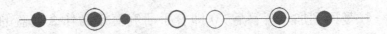

    美国副总统亨利·威尔逊出生在一个贫苦的家庭，当他还在摇篮里牙牙学语的时候，贫穷就已经向他露出了狰狞的面孔。威尔逊10岁的时候就离开了家，在外面当了11年的学徒工，每年只能接受一个月的学校教育。

    在经过11年的艰辛工作之后，他终于得到了一头牛和六只绵羊作为报酬。他把它们换成了84美元。他知道钱来得艰难，所以绝不浪费，他从来没有在娱乐上花过一美元，每个美分都是经过精心算计的。

    在他21岁之前，他已经设法读了1000本好书——对一个农场里的孩子来说，这是多么艰巨的任务啊！在离开农场之后，他徒步到100英里之外的马萨诸塞州的内蒂克去学习皮匠手艺。他风尘仆仆地经过了波士顿，在那里他可以看见邦克希尔纪念碑和其他历史名胜。整个旅行他只花费了一美元六美分。

    在他度过了21岁生日后的第一个月，就带着一队人马进入了人迹罕至的大森林，在那里采伐圆木。威尔逊每天都是在天际的第一抹曙光出现之前起床，然后就一直辛勤地工作到星星出来为止。在一个月夜以继日的辛劳努力之后,他获得了6美元的报酬。

在这样的穷途困境中,威尔逊先生下决心,不让任何一个发展自我、提升自我的机会溜走。很少有人能像他一样深刻地理解闲暇时光的价值。他像抓住黄金一样紧紧地抓住了零星的时间,不让一分一秒无所作为地从指缝间白白流走。

12年之后,他在政界脱颖而出,进入了国会,开始了他的政治生涯。

点击成长:

　　生活中从来没有缺少过机遇,就像没有缺少过时间一样,关键是看你自己是怎样去利用它们的。

抓住身边的机会

　　1803 年,年轻的美国发明家富尔顿,在塞纳河上建造了第一艘以蒸汽机为动力的轮船。同年 8 月,当他获悉拿破仑要越过英吉利海峡对英作战时,富尔顿兴致勃勃地前来推销自己的新产品蒸汽动力船,若不是他在滔滔不绝中失口说错了一句话,拿破仑说不定会采纳他的建议。要是真的这样的话,拿破仑的后半生及法国的历史都要重写。

　　当时,拿破仑的海军已堪称庞大,只是舰船大都是木质结构的,航行基本上靠风帆作动力。而他的对手英国人,却早已用上了蒸汽驱动船,这使拿破仑与英军统帅纳尔逊对阵时,常常感到英雄气短。他已经听说富尔顿的蒸汽船在塞纳河上演示时出了洋相,但这种全新动力的海上装置还是让拿破仑很感兴趣。

　　富尔顿滔滔不绝地说:"一台 20 马力的蒸汽机可以抵得上 20 面鼓满的风帆,陛下的舰队再也不必待在港口里等待好天气出航,到时,不要说是纳尔逊,就是兔子,也跑不过陛下,等到您旗开得胜的时候,就是这个世界上最高大的人了……"

　　富尔顿一不留神说走了嘴,触到了拿破仑最忌讳的身材高矮的问题。这就好比当着秃头的人说灯亮,刚才还在认真倾听的拿破仑顿时沉了脸,他截住富尔顿的话头说:"你只说船快,却只字不提铁板、蒸汽机和煤的重量,我不说你是个骗子,你也是个十足的笨蛋!"

也许,拿破仑拒绝富尔顿的理由有很多,但这个理由却是最体现他性格特征的一个。

1812年,英国人购买了富尔顿的轮船专利,19世纪40年代,船侧轮桨逐渐被更先进的船尾螺旋桨取代,英国的海上霸权以它的船坚炮利得到了巩固,而法国则被远远地甩到了后面。

后来的军事评论家这样说道,如果拿破仑当时稍微动一下脑筋,接受富尔顿的建议,用强大的蒸汽机舰队打败英国,那么,19世纪以后的欧洲整个历史,将完全是另一个样子。

甚至可以说,正是拿破仑的精明,才不相信"军舰没有帆能航行",所以把富尔顿当成了骗子,没有把握住发展舰队的机会,这导致了后来的失败。

点击成长:

在采取行动之前,保持谨慎态度是必要的。但如果过于谨小慎微而不敢进取,以致丧失发展或取胜的机会就得不偿失了。

发挥自己的专长

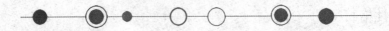

多年以前，一个年轻的退伍军人来找拿破仑·希尔，他想要找一份工作，但是他觉得很茫然也很沮丧。他只希望能养活自己，并且找到一个栖身之处就够了。

他黯然的眼神告诉希尔，哀莫大于心死。这一个年轻人前途大有可为，却胸无大志。而希尔非常清楚，是否能够赚取财富，都在他的一念之间。

于是希尔问他："你想不想成为千万富翁？赚大钱轻而易举，你为什么只求卑微地过日子？"

"不要开玩笑了，"他回答，"我肚子饿，需要一份工作。"

"我不是在开玩笑，"希尔说，"我非常认真。你只要运用现有的资产，就能够赚到几百万元。"

"资产？什么意思？"他问，"我除了穿在身上的衣服之外，什么都没有。"

从谈话之中，希尔逐渐了解到，这个年轻人在从军之前，曾经担任富勒·布拉许的业务员，在军中他也学得一手好厨艺。换句话说，除了健康的身体、积极的进取心，他所拥有的资产，还包括烹调的手艺及销售的技能。

当然,推销或烹饪并无法使一个人晋身百万富翁,但是这个退役军人找到自己的方向,许多机会就呈现在眼前。

希尔和他谈了两个小时,看到他从深陷绝望的深渊中,变成积极的思考者。一个灵感鼓舞了他:"你为什么不运用销售的技巧,说服家庭主妇,邀请邻居来家里吃便饭,然后把烹调的器具卖给他们呢?"

希尔借给他足够的钱,买一些像样的衣服及第一套烹调器具,然后放手让他去做。第一个星期,他卖出铝制的烹调器具,赚了100美金,第二个星期他的收入加倍。然后他开始训练业务员,帮他销售同样式的成套烹调器具。四年之后,他每年的收入超过100万元,并且自行设厂生产。

点击成长:

　　寻找机会之前,先要认准自己,只要找准明确的方向,充分发挥出自己的能力,就能够获得成功的机会。

掌握最好的时机

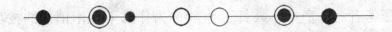

富翁家的一只狗在散步时跑丢了,于是富翁就在当地报纸上发了一则启事:有狗丢失,归还者,付酬金一万元。并有小狗的一张彩照充满大半个栏目。启事刊出后,送狗者络绎不绝,但都不是富翁家的。富翁的太太说,肯定是真正拣狗的人嫌给的钱少,那可是一只纯正的爱尔兰名犬。于是富翁就把电话打到报社,把酬金改为两万元。

一位沿街流浪的乞丐在报摊看到了这则启事,他立即跑回他住的窑洞,因为前天他在公园的躺椅上打盹时拣到了一只狗,现在这只狗就在他住的那个窑洞里拴着。果然是富翁家的狗,乞丐第二天一大早就抱着狗出了门,准备去领两万元酬金。当他经过一个小报摊的时候,无意中又看到了那则启事,不过赏金已变成三万元。

乞丐又折回他的窑洞,把狗重新拴在那儿,第四天,悬赏额果然又涨了。

在接下来的几天时间里,乞丐天天浏览当地报纸的广告栏,当酬金涨到使全城的市民都感到惊讶时,乞丐返回他的窑洞。可是那只狗已经死了,因为这只狗在富翁家吃的都是鲜牛奶和烧牛肉,对这位乞丐从垃圾筒里拣来的东西根本受不了。

点击成长：

　　在我们的生活中，永远没有什么机会是绝对十拿九稳的。所以不论你想要干什么，在机会来临的时候，都一定要把握住适当的分寸和尺度，也就是所谓的"该出手时就出手"。一旦错过了最好的时机，可能最后会一无所得。

实现梦想

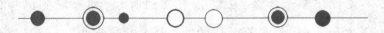

　　有一位名叫西尔维亚的美国女孩儿,她的父亲是波士顿有名的整形外科医生,母亲在一家声誉很高的大学担任教授。她的家庭对她有很大的帮助和支持,她完全有机会实现自己的理想。

　　她从念中学的时候起,就一直梦寐以求地想当电视节目的主持人。她觉得自己具有这方面的才干,因为每当她和别人相处时,即使是陌生人也都愿意亲近她并和她长谈。她知道怎样从人家嘴里"掏出心里话"。她的朋友们称她是他们的"亲密的随身精神医生"。她自己常说:"只要有人愿给我一次上电视的机会,我相信一定能成功。"

　　但是,她为达到这个理想而做了些什么呢? 其实什么也没有! 她在等待奇迹出现,希望一下子就当上电视节目的主持人。

　　西尔维亚不切实际地期待着,结果什么奇迹也没有出现。

　　谁也不会请一个毫无经验的人去担任电视节目主持人。而且节目的主管也没有兴趣跑到外面去搜寻天才,都是别人去找他们。

　　另一个名叫辛迪的女孩儿却实现了西尔维亚的理想,成了著名的电视节目主持人。辛迪之所以会成功,就是因为她知道"天下没有免费的午餐",一切成功都要靠自己的努力去争取。她不像西尔维亚那样有可靠的经济来源,所以没有白白地等待机会出现。她白天去做工,晚上在大学的舞台艺术系上夜校。毕业之后,她开始谋职,跑遍了洛杉矶每一个广播电台和电视台。但是,每个地方的经理对她的答复都差不多:"不是已经有几年经验的人,我们不会雇用的。"

但是,她不愿意退缩,也没有等待机会,而是走出去寻找机会。她一连几个月仔细阅读广播电视方面的杂志,最后终于看到一则招聘广告:北达科他州有一家很小的电视台招聘一名预报天气的女孩子。

辛迪是加州人,不喜欢北方。但是,有没有阳光,是不是下雨都没有关系,她希望找到一份和电视有关的职业,干什么都行!她抓住这个工作机会,动身到北达科他州。

辛迪在那里工作了两年,最后在洛杉矶的电视台找到了一个工作。又过了五年,她终于得到提升,成为她梦想已久的节目主持人。

为什么西尔维亚失败了,而辛迪却如愿以偿呢?

因为西尔维亚在十年当中,一直停留在幻想上,坐等机会;而辛迪则是采取行动,最后终于实现了理想。

点击成长：

　　每个人都是有梦想的,为了实现梦想而进行的奋斗是幸福的。人们实现梦想的过程就是机会不断光临的过程。机会对于不能利用他的人而言,是毫无用处的。一切成功都要靠自己的努力去争取。机会需要把握,也需要创造。

一元钱的机会

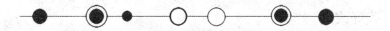

一位刚毕业的女大学生到一家公司应聘财务会计工作，面试时即遭到拒绝，因为她太年轻，公司需要的是有丰富工作经验的资深会计人员。女大学生却没有气馁，一再坚持。

她对主考官说："请再给我一次机会，让我参加完笔试。"主考官拗不过她，答应了她的请求。结果，她通过了笔试，由人事经理亲自复试。

人事经理对这位女大学生颇有好感，因她的笔试成绩最好。不过，女孩儿的话让经理有些失望，她说自己没工作过，唯一的经验是在学校掌管过学生会财务。他们不愿找一个没有工作经验的人做财务会计。

人事经理只好敷衍道："今天就到这里，如有消息我会打电话通知你。"

女孩儿从座位上站起来，向人事经理点点头，从口袋里掏出一元钱双手递给人事经理："不管是否录取，请都给我打个电话。"

人事经理从未见过这种情况，竟一下子呆住了。不过他很快回过神来，问："你怎么知道我不给没有录用的人打电话？"

"您刚才说有消息就打，那言下之意就是没录取就不打了。"

人事经理对这个年轻女孩儿产生了浓厚的兴趣，问："如果你没被录用，我打电话，你想知道些什么呢？"

"请告诉我，在什么地方不能达到你们的要求，我在哪方面不够好，我好改进。"

"那一元钱……"

没等人事经理说完，女孩儿微笑着解释道："给没有被录用的人打电话不属于公司的正常开支，所以由我付电话费，请你一定打。"

人事经理马上微笑着说："请你把一元钱收回。我不会打电话了，我现在就正式通知你，你被录用了。"

点击成长：

对于很多人而言，机会的到来只是一瞬间的事情，但我们一定要知道，这一瞬间，完全来自于我们平时的积累和毫不松懈。

沃恩的秘密

　　沃恩每年会受邀参加某单位的杂志评审工作,这个工作虽然报酬不多,但却是一项荣誉,很多人想参加却找不到门路,也有人只参加一两次,就再也没有机会了!沃恩年年有此"殊荣",让大家都羡慕不已。

　　他在年届退休时,有人问他其中的奥秘,他微笑着向人们揭开谜底。他说,他的专业眼光并不是关键,他的职位也不是重点,他之所以能年年被邀请,是因为他很会给别人"面子"。

　　他说,他在公开的评审会议上一定会把握一个原则:多称赞、鼓励,而少批评。但会议结束之后,他会找来杂志的编辑人员,私底下告诉他们编辑上的缺点。因此,虽然杂志有先后名次,但每个人都保住了面子。也正是因为他顾虑到别人的面子,因此承办该项业务的人员和各杂志的编辑人员,都很尊敬他、喜欢他,当然也就每年找他当评审了!

点击成长:

　　在适当的场合,适当的赞扬和批评会有意想不到的效果,但是一定要注意是不是在适当的时机。

退后一步的机会

  招聘启事见报后,应聘者一连数日把招聘单位人事部的门口堵得水泄不通。他们大多是有着较高的学历和宽松的工作,冲着这个薪水丰厚的部门经理位置蓄谋跳槽的。然而,当他们一个个走进招聘办公室,只见考官身后的墙壁上贴着一张"告示""为了节约面试时间,您务必在进来5分钟后自觉退出室外,请您合理支配时间!"

  许多应聘者一进屋便抓住有限的时间,向考官滔滔不绝地介绍自己的经历和经验,即使考官的办公电话响起,也不愿轻易中断介绍。往往是,每当考官拿起电话,他们的介绍才被迫尴尬中止。5分钟时间一到,有些应聘者认为面试被考官接电话占去了大半时间,以至于恳求考官再宽限一些时间,可是,他们同样被考官责令退到室外。

  走出门外的应聘者,纷纷抱怨考官不仁和刻板。

  轮到阿松面试,谈话进行没几句,考官办公桌上的电话便响起来。阿松心想:与电话相比,面试的紧要程度总还是次要的,因为铃声正在作响。于是,阿松浅浅一笑,在铃声响过两遍后拿起电话递给了考官。就在这时,这位面若冰霜的考官突然露出了难得的笑意:

"恭喜你,你被录取了!"

后来,阿松与那位考官在工作中成了好友。

阿松带着当初的不解,问:"当时为什么录取我,而不是别人?"

"还记得面试中的那个电话吗?那是我们对每个应聘者故意安排的现场测试,而能够主动中止面试而不影响我接电话的人,肯定是一位深谙商务、宽宏大度、顾全大局的人才;对于那次我们招聘的岗位来说,应聘者不需要太多的时间,几秒钟足矣!"

点击成长:

有时人们把机会看得很重,又往往把机会的得失寄托在时间等客观因素上,殊不知,真正考验人的不是时间,而是人们一念间的素养和态度。

要善于运用才能

　　一位大地主把他的财产托付给三个仆人保管和运用。他给了第一个仆人 5 两黄金,第二个仆人 2 两黄金,第三个仆人 1 两黄金。地主告诉他们善用个人的钱。

　　第一个仆人利用这笔钱多方投资;第二个仆人买下一些原料,制造成品出售;第三个仆人却把他的黄金埋在树丛下。

　　一年过去了,第一个仆人的财富增加了一倍,第二个仆人的财富也成倍增加,地主很欣慰。他转头询问第三个仆人:"你的黄金是怎么用的?"这名仆人说:

　　"我唯恐使用不当,所以埋藏起来,在这儿,我把它原封不动地交还给你了。"

　　地主大怒:"你这个愚才,白费了我的功夫,竟不会使用我给你的礼物!"

点击成长:

　　埋葬才能就是浪费才能,不论天赋高低,抓住机会善用才能必定会有佳绩。

不让别人偷走你的梦

美国某个小学的作文课上,老师给小朋友的作文题目是:我的志愿。

一个小朋友非常喜欢这个题目,他在本子上,飞快地写下了他的梦想。

他希望将来自己能拥有一座占地十余公顷的庄园,在辽阔的土地上植满如茵的绿草。庄园中有无数的小木屋、烤肉区,及一座体闲旅馆。除了自己住在那儿外,还可以和前来参观的游客分享自己的庄园,供他们憩息玩乐。

作文交给老师后,这位小朋友的簿子上被画了一个大大的红"×",老师要求他重写。小朋友仔细看了看自己所写的内容,并无错误,便拿着作文去请教老师。

老师告诉他:"我要你们写下自己的志愿,而不是这些如梦如痴般的空想,我要实际的志愿,而不是虚无的幻想,你知道吗?"

小朋友据理力争:"可是,老师,这真的是我的志愿啊!"

老师也坚持:"不,那不可能实现,那只是一堆空想,我要你重写。"

小朋友不肯妥协："我很清楚,这才是我真正想要的,我不愿意改变我的梦想。"

老师摇头："如果你不重写,我就不能让你及格了,你要想清楚。"

小朋友也跟着摇头,不愿重写,而那篇作文也就得到了大大的一个"E"。

事隔 30 年之后,这位老师带着一群小学生到一处风景优美的度假胜地旅行,在尽情享受无边的绿草、舒适的住宿,及香味四溢的烤肉之余,他看见一位中年人向他走来,并自称曾是他的学生。

这位中年人告诉他的老师,他正是当年那个作文不及格的小学生,如今,他拥有这片广阔的度假庄园,真的实现了儿时的梦想。

点击成长:

在我们的生命中,我们的梦想是不是还是一直停留在梦想的阶段? 我们为了我们的梦想的实现做过什么了吗? 梦想实现的机会无数次光顾我们,可是我们是不是正视它了呢?

发现机会才能走向成功

几十年前，一位青年住在美国犹他州的首府盐湖城，靠近大盐湖。

他是一个勤勉的人，工作非常努力，生活非常节俭，他的所有朋友都对他的良好习惯赞不绝口。然而有一天，他做了一件反常的事，使得许多人都对着他摇头，怀疑他的判断是否明智。

他从银行里取出他的全部积蓄，一共有四千多美元，到纽约市汽车展销处，买了一部新车。

在人们看来，仅此似乎还不足以显示他的"愚蠢"，更有甚者，当他把新车开回家后，就把车开进他的车库里，顶起 4 个车轮，动手拆卸汽车，一件一件地拆，直到整个车库摆满七零八落的汽车零件。他仔细地检查了每个零件，然后又把汽车装好。人们觉得他简直发疯了，而他却不只是一次，而是多次拆卸汽车，再把汽车装好。大惑不解的人们开始嘲笑他了。

几年后，那些嘲笑过他的人不得不改变看法，并已深信不疑——他有明智的见识。这个反复动手拆装汽车的青年就是沃尔特·珀西·克莱斯勒。他开始制造汽车了，他的产品领导了整个汽车工业,他在汽车这个领域里还做了许多有价值的改进和革新,他成功了。

点击成长:

　　在我们的生活中,总在隐藏着很多的机会,当你发现它的时候,你就走近了成功。克莱斯勒的成功意识,使他大胆开拓,紧紧抓住身边的机会,走向成功的巅峰。

下一个转弯

两只水桶

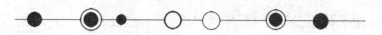

　　一位挑水夫,有两个水桶,分别吊在扁担的两头,其中一个水桶有裂缝,另一个则完好无缺。在每趟长途的挑运之后,完好无缺的水桶,总是能将满满一桶水从溪边送到主人家中,但是有裂缝的水桶到达主人家时,却剩下半桶水。

　　两年来,挑水夫就这样每天挑一桶半的水到主人家。当然,好水桶对自己能够送满整桶水感到很自豪。破水桶呢? 对于自己的缺陷则非常羞愧,他为只能负起责任的一半,感到非常难过。

　　饱尝了两年失败的苦楚,破水桶终于忍不住,在小溪旁对挑水夫说:"我很惭愧,必须向你道歉。""为什么呢?"挑水夫问道,"你为什么觉得惭愧?""过去两年,因为水从我这边一路地漏,我只能送半桶水到你主人家,我的缺陷,使你做了全部的工作,却只收到一半的成果。"破水桶如是说。挑水夫替破水桶感到难过,他蛮有爱心地说:"我们回到主人家的路上,我要你留意路旁盛开的花朵。"

　　果真,他们走在山坡上,破水桶眼前一亮,看到缤纷的花朵,开满路的一旁,沐浴在温暖的阳光之下,这景象使他开心了很多! 但是,走到小路的尽头,它又难受了,因为一半的水又在路上漏掉了! 破水桶再次向挑水夫道歉。挑水夫温和地说："你有没有注意到小路两旁，只有你的那一边有花，好水桶的那一边却没有开花呢？我明白你有缺陷，因此我善加利用，在你那边的路旁撒了花种，每回我从溪边来，你就替我一路浇了花！两年来，这些美丽的花朵装饰了主人的餐桌。如果你不是这个样子，主人的桌上也没有这么好看的花朵了！"

点击成长：

　　机会是无处不在的，即使是你的缺陷，如果善于把握和利用，那一样可以成为一种机会。

只要向前走

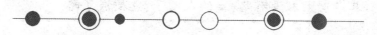

　　有一对夫妇在乡间迷了路,他们发现一位老农夫,于是停下车来问:"先生,你能否告诉我们,这条路通往何处呢?"

　　老农夫不假思索地说:"孩子,如果你朝着正确的方向前进的话,这条路将通往世界上你想要去的任何地方"(你可能已经在正确的道路上,如果站着不动,你就好像迷路了)。

　　请听罗斯福的一段话:"有些人对指正他人得失十分拿手,对人生的道理也能讲得头头是道,但仅凭一张嘴行动是没用的。真正的勇者应该是亲身投入人生的战场,即使脸上沾满汗水与灰尘,也会勇敢地奋战下去。遇到挫折或错误时,他会修正自己重新来过,为了达到自己崇高的目标,他会尽最大努力去争取,即使未达到理想,他也不会丧气,因为他知道勇敢尝试后,即使失败,也远胜于畏首畏尾,原地踏步。"

　　要成功就要采取行动,因为只有行动才会产生结果,要成功就要知道成功的人都采取什么样的行动。

　　心动不如行动。

点击成长：

　　脚下的路如果你认为它只是路，那它就只是路，如果你认为它通向你想要到达的彼岸，那它也会到达的。正如鲁迅先生所言：其实世上本没有路，走的人多了，也便成了路。

积极乐观的心态

当琼斯身体很健康时,他工作十分努力。他是个农夫,在美国威斯康星州经营一个小农场。他对自己的生活现状感到很满意,日子就这样年复一年地过着,直到突然间发生了一件事。

晚年的琼斯患了全身麻痹症,卧床不起,几乎失去了生活能力,可他却没有怨天尤人。是的,他的身体是麻痹了,但是他的心理并未受到影响。他能思考,他确实在思考,并做出了计划。

有一天,正当他致力于思考和计划时,他认识了那个最重要的活人(自己)和他的法宝(积极的心态),他做出了重大的决定。

琼斯积极的心态使他满怀希望,乐观向上,他把他的计划讲给家人听。

"我再不能用我的手劳动了。"他说,"所以我决定用我的心从事劳动,如果你们愿意的话,你们每个人都可以代替我的手、脚和身体。让我们把农场的每一亩可耕地都种上玉米。然后我们就养猪,用所收的玉米喂猪。在猪还幼小肉嫩时,我们就把它宰掉,做成香肠,然后把它包装起来,用一种牌号出售。我们可以在全国各地的零售店出售这种香肠。"他低声轻笑,接着说道:"这种香肠将像热糕点一样出售。"

　　这种香肠确实像热糕点一样出售了！几年后，"琼斯仔猪香肠"走进千家万户，成了最能引起人们胃口的一种食品。

点击成长：

　　积极的态度让你会得到更多的机会，如果你能具备这些好的思想、感觉以及行动，便可以建立起一种积极的态度，然后运用具有强大说服力的方式来表现你自己，那么，你将发展出迷人的个性。

乐观面对人生

一个年轻人,冬天时常在树林中砍伐枯树作为取暖的木柴。春天来临时他惊讶地发现,那些曾被他砍伐过的"枯树"居然都吐出了绿芽。这时一位老人对他说:"记住,不要在冬天砍树,因为那时你看不到生机;也不要在心情沮丧时做出决定,因为那时你看不到生活的光明。"

当你心境忧郁或意气颓丧的时候,不可做出任何重大的决定,因为那不良的心境,会使你的判断失误。

一个人感到痛苦、失望时,他所采取的步骤,大都只顾立即获得解救,而不顾及最终结果的好坏。

当然,在希望已经幻灭,境遇十分惨淡的情况下,要求一个人仍然乐观面世,善用理智,这是很难的,但也唯有在这种环境中,才能显示出我们究竟是哪一种人。测验一个人的真才实学,可靠的方法,就是看他在事业失败、命运坎坷,甚至他的至亲好友都劝他放手,笑他不识时务时,能否坚持他的宿志与事业。

他人放弃,自己还是坚持;他人后退,自己还是向前;眼前没有光明、希望,自己还是努力奋斗。这种精神,是一切科学家、发明家和其他杰出人物成功的原因。

要做出重要的决定,必须运用你的理智、你正确的判断力、你健全的观察力。面临生活、事业上的转折点时,应该在你心境平静、精神愉快时做出抉择。当颓丧、失望充满你的内心时,你的判断很容易出错。在心情不佳时出现的念头,千万不可依照施行。

点击成长:

不管明天是怎样的暗淡,心情是怎样的沉重,都要等到忧郁、沮丧的心情消散以后,再决定你的方针或步骤。在你心境不佳的时候,不要做任何决定,否则你会错过很多机会。

吉姆与大卫的工作观

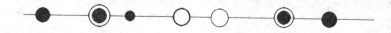

有一个热天，一群人正在铁路的路基上工作。一辆火车缓缓地开过来，他们只好放下手中的活计。火车停下后，最后一节特别装有空调设备车厢的窗户突然打开了。

一个友善的声音从里面传出来："大卫，是你吗？"

这群人的队长大卫回答说："是的，吉姆，能看到你真高兴。"

寒暄几句后，大卫就被铁路公司的董事长吉姆邀请上车去了。两个人聊了一个多小时，握手话别，火车又开走了。

这群人立刻包围了大卫，他们对他居然是铁路公司的董事长吉姆的朋友而感到吃惊。大卫解释说20年前他跟吉姆在同一天开始为铁路公司工作。

有人半开玩笑半正经地问大卫，为什么他还要在大太阳下工作，而吉姆却成为董事长，大卫机智地解释道："20年前我为每小时1.75美元的工资而工作，而吉姆却为铁路事业而工作。"

点击成长：

在人的一生中，成功与失败也许只是一念之差。机会对于每个人来说是平等的。快乐与不快乐、胜利者与失败者，其间的差别也很小，但是胜利者与其他人的回报却有很大的差异。

保证本镇最坏的

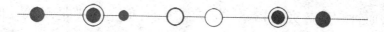

  我童年印象很深的是一家兼卖咖啡和花生的小店铺,老板被人们称为"乔叔叔"。每次乔叔叔煮咖啡和花生的时候,都会吸引很多人。他用煤炭、手摇的烤炉烤花生。烤完后花生就被放进一个大纸盒,盒子上有"红利盒子"的字样。

  那时候,一袋花生卖5分钱。乔叔叔一直过着穷人的生活,他死的时候也还是穷人。他为花生费尽心机,斤斤计较,但是花生并不是他的问题。

  我永远不会忘记我读南卡罗莱大学时,在南卡罗莱州哥伦比亚区看到的一块招牌,上面写着"克洛马的花生——保证本镇最坏的。"我好奇地问镇上的人到底怎么回事。

  人家告诉我,克洛马开始做生意时,就在一小块招牌上写着这些文字。人们看到招牌时都会露齿而笑,但是他们还是照买他的花生。而他在花生包装袋上也印着同样的文字。

  又过了一些时候,克洛马先生以佣金制聘请了许多男孩儿在哥伦比亚区的主要街道上为他销售花生。他的招牌做得越大,生意也就越好。

不久,他获得在南卡罗莱州博览会以及当地运动会销售花生的权利。他的声誉与收入与日俱增。今天,克洛马先生是位很成功、很富有的人了,他为花生动了许多脑筋,所以应该得到那些财富。

这两个人几乎在相同的地区出售相同的产品。其中一个是贫穷的,而且一直贫穷;另一位也是贫穷的,但是不满足现状。他们出售同样的产品,但目标却有很大的不同。

点击成长:

机会只喜欢那些积极的人,在你眼中机会是什么样的,它也会如实地反映在你身上。

赶上了火车的男人

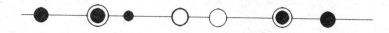

　　有三个男人一起前往火车站,但到达车站时,发现南下的火车已经开走了。虽然心中十分扫兴,但也没办法,只好等下一班火车。

　　于是三个男人就一起到铁路餐厅里吃东西、聊天,消磨时间。话匣子一开,三个男人七嘴八舌,谈得十分起劲,一下子把时间给忘了。当他们猛然想起火车时间到了时,赶紧抓起行李,冲向火车月台。

　　此时,火车已缓缓开动,于是三人急忙沿着月台追赶已渐渐加速的火车。前面两个人速度比较快,终于在千钧一发之际,跳上了最后一节车厢! 但是第三个男人,因为行李比较重、跑得慢,所以没有赶上火车,只好气喘吁吁地看着两个朋友渐远而去。

　　突然之间,没赶上火车的男人站在月台上,忍不住大笑起来!

　　"你怎么了? 没赶上火车,怎么还哈哈大笑呢?"站台上的工作人员大惑不解。

　　"刚刚冲上火车的那两个朋友,是来为我送行的!"

点击成长：

   没有经过认真思考，没有特定目标，只是跟着人往前冲，盲目的人怎么能看见机会呢？因此，确定好目标才能抓住好机会。

狮子和熊

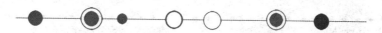

　　在一片森林里,有两个好朋友狮子和熊,他们常常在一起打猎。这一天,两人又一次出发,去寻找猎物。走了好半天,目光敏锐的狮子一下子发现了山坡上有只小鹿,狮子正要扑上去,熊一把拉住说:"别急,鹿跑得快,我们只有前后夹击才能抓住他。"狮子听了,觉得有道理,两人就分头行动了。

　　鹿正津津有味地啃着青草,忽然听到背后有响声。他回头一看:啊呀,不得了!一只狮子轻手轻脚向他扑过来了!鹿吓得撒腿就跑,狮子在后面紧追不舍,无奈鹿跑得真快,狮子追不上。这时熊从旁边窜出来,挡住鹿的去路。他挥着蒲扇大的巴掌,一下子就把鹿打昏了过去。狮子随后赶到,他问道:"熊老弟,猎物该怎么分呢?"熊回答说:"狮大哥,那可不能含糊,谁的功劳大,谁就分得多。"狮子说:"我的功劳大,鹿是我先发现的。"熊也不甘示弱:"发现有什么用,要不是我出主意,你能抓到吗?"

　　狮子很不服气地说:"如果我不把鹿赶到你这里,你也抓不到啊!"两人你一言我一语争个不休,谁也不让谁,都认为自己的功劳大,说着说着,两个就打了起来。

被打昏的鹿渐渐醒了过来，看到狮子和熊打得不可开交，赶紧爬起来，一溜烟逃走了。当他们打得筋疲力尽回头一看，鹿早不见了。

熊和狮子你看我，我看你，后悔地直叹气。

点击成长：

如果你以为一件事能成功是依靠你一个人的力量，那么成功会离你愈来愈远。

做事情要享受过程

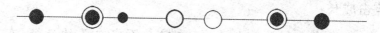

罗马军队攻陷希腊叙拉古斯城时，阿基米德仍专心致志地在工作室研究他的几何学。别人都四处逃散，家人也劝阿基米德赶快逃走，但被阿基米德拒绝了。阿基米德又全身心地投入到几何学研究中去。

罗马军队终于涌入了城池，一个罗马士兵把刀子架在他的脖子上，阿基米德连头也没抬，不慌不忙地对罗马士兵说："我的朋友，在你杀我以前，让我先画完这个圆圈吧！"

不管做什么事，一定要快乐，一定要享受过程。把工作视为游戏，会感到工作是其乐无穷的。马克·吐温认为，成功的秘诀是把工作视为休闲。

成功大师安东尼也是以游戏的心态对待工作，他强调，始终不悖的信念系统具有相乘的效果，即积极的信念能强化积极的信念，例如，他认为没有前途暗淡的职业，除非你不敢承担责任，担心会失败。如果想充实、快乐地工作，就必须把游戏时的好奇心及活力，带到工作中去。

常常有很多人对自己的工作感到沮丧、不满，而活得非常不快乐。但是如果我们想真正获得快乐,就该把工作当成生活中的一种乐趣,千万别把工作当作一种刻板、单调的苦差事。

点击成长:

在没有走到最后之前,不要轻易否定自己的选择;在走到最后的时候,更不要后悔自己的选择。生活中并不是所有的事情都会成功,但是我们要把所有的事情都让它善始善终,长此以往,机会一定会垂青这样有准备的人。

用积极的心态面对生活

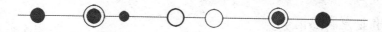

亚伦从朝鲜战场归来后，母亲要他经营家中的杂货店。亚伦认为它真是一家小店，打开前门几乎会撞到后门边上的柜台。生意还算好，足够亚伦和他的母亲维持生活。

亚伦有创业的野心，所以就去找当地的银行家借钱扩充店面。他的本钱虽少，但热心十足，终于从银行家那里贷款9.5万美元，他用这笔钱建了一个超级市场，开业那天虽然秩序混乱，但相当成功。他的生意越来越好。

然而，在以后的6个月中，当地又开设了10家超级市场。每开业一家就抢走他一小部分生意。不久亚伦的生意渐渐少了，最后比当年的小杂货店还少，真是令人沮丧。

这时，亚伦就与店里的四名雇员一起接受公开演讲课程的训练。这个课程特别强调正确的心理态度，其中还讲到热心方面的问题，使亚伦深受启发。

从那个晚上开始，亚伦就决定带领店里的人对工作投注更多的热情。他的顾客走进店门就受到热烈的欢迎，从上到下，从前到后整个态度全都改变了。

结果很惊人,短短一个月时间,营业额由每周 1.5 万美元升至 3 万美元,从此以后一直未再下降过。

我们来看一下,亚伦所在的小城并没有一下子增加许多人口,竞争者也没有关门,唯一的变化就是亚伦的态度——他越来越对自己的事业充满热情。

一个人成功的因素很多,而列于这些因素之首的就是热忱。热忱是出自内心的兴奋,会影响周围人的处世方式与态度。英文中的"热忱"这个词是由两个希腊词根组成的,一个是"内",一个是"神"。事实上一个热忱的人,等于是有神在他的内心里。热忱也就是内心的光辉———种炙热的、精神的物质深存于一个人的内心。

点击成长:

人们对生活所做的一切都会被生活所回馈,譬如你对生活热情的态度。发自内心的热情,使你赢得更多的机会。产生持久热情的方法之一是定出一个目标,并通过努力工作去达到这个目标,而在达到这个目标之后,再定出另一个目标,再努力去完成。由此而产生的兴奋和挑战可以帮助一个人建立经久不衰的热忱。

真正的绝境来自思维的枯竭

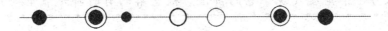

　　智利北部有一个叫丘恩贡果的小村子,这里西临太平洋,北靠阿塔卡玛沙漠。特殊的地理环境,使太平洋冷湿气流与沙漠上的高温气流终年交融,形成了多雾的气候。可浓雾也丝毫无益于这片干涸的土地,因为白天强烈的日晒会使浓雾很快蒸发殆尽。

　　一直以来,在这片干旱的土地上,看不到绿色。

　　加拿大一位名叫罗伯特的物理学家来到这里。除了村子里的人,他没有发现多少生命迹象。但他有一个重要发现,那就是这里处处蛛网密布。这说明蜘蛛在这里四处繁衍。为什么只有蜘蛛能在如此干旱的环境里生存下来呢?罗伯特把目光锁定在这些蜘蛛网上。借助电子显微镜,他发现这些蜘蛛丝具有很强的亲水性,极易吸收雾气中的水分。而这些水分,正是蜘蛛能在这里生生不息的源泉。

　　人类为什么不能像蜘蛛织网那样截雾取水呢?在智利政府的支持下,罗伯特研制出一种人造纤维网,选择当地雾气最浓的地段排成网阵。这样,穿行其间的雾气被反复拦截,形成大的水滴,这些水滴滴到网下的流槽里,就成了新的水源。

点击成长：

　　这世界上，从来没有真正的绝境，有的只是绝望的思维。长年累月住在那里的人忽略了身边最平凡的事物，而让一个外地人从另一个角度发现了它的价值。被忽略的有时却是最重要的。

认真对待你的工作

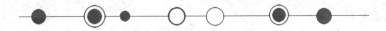

　　在 200 年前英国与西班牙交战的岁月里，直布罗陀要塞掌握在英国军队手中。这个地方地势险要，却只驻守着少量的英国军人。

　　一个夜晚，要塞司令独自一人到各个炮台进行视察，看看有无防备方面的疏漏。

　　走到一处，他看见一个哨兵在自己的岗位上值勤。

　　看到将军来到，哨兵本应举起毛瑟枪向他致敬。然而，那个哨兵却纹丝不动。

　　将军觉得有点反常，他大声地问："哨兵，你难道不认识我吗？为什么不敬个礼呢？"

　　战士答道："将军，我当然认识您。可是我腾不出手来，因为几分钟之前，敌人的子弹打断了我右手的两个指头，我举不起枪了。"

　　"那么，为什么不赶紧去把伤口包扎一下？"

　　"因为，"哨兵说，"一个值勤的士兵在有人接替之前是不能擅离岗位的。"

　　将军立即跳下马来。

　　"喂，朋友，把枪给我，让我替你值班，快去包扎伤口！"

那名士兵服从了。但他先奔回营地，请另一名哨兵跑去把将军替换下来，然后才跑向战地医院。由于失去了有用的手指，这名士兵再也不能灵活地使用自己的武器，他被送回了英国本土。

英王乔治亲自接见了这名战士，为表彰他的忠诚尽职，破格升任他为军官。

点击成长：

　　认真对待生活，认真对待你的工作，幸运之神往往垂青于这样的人。那样你的机会就是随处可见了。

同为树,不同命

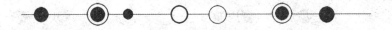

　　日本人种了一种树,称之为"帮赛树"。它长得很美,而且造型完整,但高度只有几寸而已。在加州,还有一种叫水杉的树,其中一棵大水杉树被命名为"将军莎门"。这棵巨树高达 83 米,树围达 22 米,如果砍下,足够建造 35 间房子。

　　但是当将军莎门树和帮赛树还是种子的时候,重量都小于三千分之一盎司(1 盎司 = 28.35 克)。可是长成以后,差异却很大,其背后隐藏的故事,是意味深长的。

　　当帮赛树的树苗长出地面时,日本人就把它拉出泥土,并且扎住主干以及一些支干,故意阻碍它成长,结果成了一种矮小、美丽的树。

　　而将军莎门树的种子自然地落在加州肥沃的土地上,而且受到矿物质、雨水与阳光的滋润,长成了巨树。

> **点击成长：**
> 　　无比公平的机会造就的是不同人的不同成功。

天下没有免费的午餐

许多年前,一位聪明的老国王召集了聪明的大臣,给了他们一个任务:"我要你们编一本《古今智慧录》,留传给子孙。"这些聪明的大臣受命后,工作了很长一段时间,最后完成了一本洋洋12卷的巨作。

国王看了说:"各位先生,我相信这是古今智慧的结晶,然而,它太厚了,我怕人们读不完。把它浓缩一下吧!"

这些聪明的大臣又进行了长期的努力工作,几经删减后,变成了一卷书。

然而,国王还是认为太长了,又命令他们再浓缩。

结果这些聪明人把一本书浓缩为一章,然后缩为一页,再变为一段,最后则只剩下一句话。聪明的国王看到这句话时,显得很得意。

"各位先生,"他说,"这真是古今智慧的结晶,全国各地的人一旦知道这个真理,我们的大部分问题就可以解决了。"这句话是:天下没有免费的午餐。

点击成长：

　　"天下没有免费的午餐"，你要获得机会，就肯定要付出一定的代价。

有准备的人

勇于尝试才能走向成功

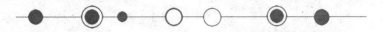

戴维·托马斯是在世界各地拥有 4300 家快餐店的温迪国际公司的创始人、商务经理,他这样回忆自己的童年:

12 岁时,我们家迁到田纳西州的诺克斯维尔,我设法使一位餐馆老板相信我已 16 岁,他才雇我做便餐柜台的招待,每小时 25 美分。

餐馆老板弗兰克和乔治·雷杰斯兄弟是希腊移民,刚来美国时,他们曾干过洗盘子和卖热狗的工作。他们极为坚强,并为自己定下了非常高的标准,但从来不要求雇员做他们自己做不到的事。

弗兰克告诉我:"孩子,只要你愿意努力尝试,你就能为我工作;如果你不努力尝试,你就不能为我工作。"他所说的努力尝试包括从努力工作到礼貌待客等一切内容。当时通常的小费是一个 10 美分的硬币,但如果我能很快把饭菜送给顾客并服务周到,有时就能得到 25 美分小费。我记得我对自己说"试试看,一个晚上能接待多少顾客",结果创下了 100 位的纪录。

点击成长：

机会只属于那些敢于尝试的人，那些坚持努力的人，那些认真的人。

宽容是为自己创造机会

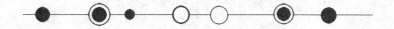

　　春秋时期,楚王请了很多臣子们来喝酒吃饭,席间歌舞曼妙,美酒佳肴,烛光摇曳。同时,楚王还命令两位他最宠爱的美人许姬和麦姬轮流向各位敬酒。

　　忽然一阵狂风刮来,吹灭了所有的蜡烛,漆黑一片,席上一位官员乘机摸了许姬的手。

　　许姬一甩手,扯了他的帽带,匆匆回到座位上并在楚王耳边悄声说:"刚才有人乘机调戏我,我扯断了他的帽带,你赶快叫人点起蜡烛来,看谁没有帽带,就知道是谁了。"

　　楚王听了,连忙命令手下先不要点燃蜡烛,却大声向各位臣子说:"我今天晚上,一定要与各位一醉方休,来,大家都把帽子脱了痛快饮一场。"

　　众人都没有戴帽子,也就看不出是谁的帽带断了。

　　后来楚王攻打郑国,有一健将独自率领几百人,为三军开路,斩将过关,直通郑国的首都,而此人就是当年摸许姬手的那一位。他因楚王施恩于他,而发誓毕生效忠于楚王。

点击成长：

　　每个人都应该要有宽容之心，善待他人，在必要时对别人宽容，给别人机会，同时也是给自己机会。

大鱼和小锅

　　许多年以前,美国重量级拳王吉姆在例行训练途中看见一个渔夫正将鱼一条条地往上拉,但吉姆注意到,那渔夫总是将大鱼放回去,只留下小鱼。

　　吉姆就好奇地问那个渔夫其中的原因。渔夫答道:"老天,我真不愿意这样做,但我实在别无选择,因为我只有一口小锅。"

点击成长:

　　似乎是一个笑话,但是细细想来,我们在生活和工作中,是不是也在做着同样的事情呢? 在机会来临之前,为什么不事先做好准备呢?

永不放弃的机会

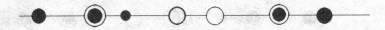

1956 年,哈默购买了西方石油公司。

当时油源竞争激烈,美国的产油区被大的石油公司瓜分殆尽,哈默一时无从插手。

1960 年,他花掉了 1000 万美元勘探基金竟毫无所获。这时,一位年轻的地质学家提出旧金山以东一片被德士古石油公司放弃的地区,可能蕴藏着丰富的天然气,并建议哈默公司把它买下来。

哈默重新筹集资金,在被别人废弃的地方开始钻探。当钻到 262 米深时,终于钻出加州第二大天然气田,价值 2 亿美元。

点击成长:

只要还没有放弃,就一定会有机会。不论做什么事情,如果放弃的话,就真的失去了成功的机会;继续坚持,就会一直拥有成功的希望。

机会是自己创造的

夏天是催人欲睡的季节，教徒们被牧师又长又臭的布道轰得个个昏然欲睡。有些人，甚至忍不住打起瞌睡来了。最后教堂里的人几乎都在打瞌睡，只有一个绅士，上身挺直，专心听道，跟四周的人完全不一样。

他不是别人，正是当时鼎鼎有名的英国首相格莱斯顿。

后来，有人好奇地问格莱斯顿："奇怪，每个人都听得打起瞌睡，甚至干脆小睡一场，为什么只有您那么用心地听？"

格莱斯顿微笑着说："是这样的，听这么一无可取的讲，老实讲，我也很想打瞌睡，可是，我突然想道：何不用这件事来试试自己，能够忍耐到什么程度？我聚精会神地从头听到尾。刚才我还告诉自己：你呀，忍耐得好，以这种耐心去面对种种难题，还有什么事不能解决呢？所以说，我对今天的讲道，感触至深，对我的好处和启示，可真是太大了。"

点击成长：

机会都是自己创造的，格莱斯顿居然可以把听牧师布道看成是锻炼忍耐力的机会，虽然很出乎我们的意料，但是这是不是也会给我们一些启示呢？

小针孔造就百万富翁

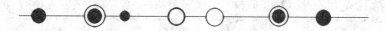

20世纪40年代,美国流传着一个小针孔造就百万富翁的故事:美国许多制糖公司把方糖运往南美洲时,都会因方糖在海运途中受潮造成巨大损失。这些公司花了很多钱请专家研究,却一直未能尽如人愿。

而一个在轮船上工作的工人却用最简单的方法解决了问题:在方糖包装盒的一角戳个通气孔,这样,方糖就不会在海上运输时受潮了。

这种方法使各制糖公司减少了几千万美元的损失,而且简直不花成本。这个工人专利意识十分强,他马上为该方法申请了专利保护。后来,把这个专利卖给各制糖公司,成了百万富翁。

上面这个点子又启发了一个日本人,这个日本人想:钻孔的方法可用于其他许多方面,不光是方糖包装盒。他研究了许多东西,最终发现:在打火机的火芯盖上钻个小孔,能够大量延长油的使用时间。他凭着这个专利也发了财。

点击成长：

想要取得成功，并不是一定要有很大的目标，或者远大的志向，而是踏踏实实做好每一件事，抓住每一次机会。这样的话，成功就是水到渠成的事情了。

跳出你的思维

英国某家报纸曾举办一次金额巨高的有奖征答活动。题目是：在一个充气不足的热气球上，载着三位关系人类兴亡的科学家。

第一位是环保专家，他的研究可拯救无数人，免于因环境污染而面临死亡的噩运。

第二位是原子专家，他有能力防止全球性的原子战争，使地球免于遭受灭亡的绝境。

第三位是粮食专家，他能在不毛之地，运用专业知识成功地种植谷物，使几千万人脱离因饥荒而死亡的命运。

此刻热气球即将坠毁，必须丢出一个人以减轻载重，使其余两人得以生存，请问该丢下哪一位科学家？

问题刊出之后，因奖金的数额巨大，各地答复的信件如雪片般飞来。在这些信中，每个人都竭尽所能，甚至天马行空地阐述他们认为必须丢下哪位科学家的见解。

最后结果揭晓，巨额奖金的得主是一个小男孩儿。

他的答案是——将最胖的那位科学家丢出去。

如果是你，你想将哪位科学家丢出去呢？

这位小男孩儿睿智而幽默的答案,提醒了聪明的大人们,单纯的思考方式,往往比钻牛角尖,更能获得良好的成效。

同时值得我们思考的是,在我们从事推销、教育、沟通等引导性工作时,是不是常常太过于重视自己想法的表达,或者力于事物表面的热烈探讨,而忽略了对方的真正需要?

任何疑难问题最好的解决方法,只有一种,就是能真正切合该问题所需,而非自说自话、惑于问题本身的盲目探讨。

在遭遇困境时,我们不妨先仔细想清楚,问题真正的重点何在,对方的需要又是什么。

我们可以通过单纯化的思考,来将这种衡量的模式,培养为日常的习惯。假以时日,你将不再为问题复杂的表象所困惑,并以足够的智慧,找出完满的解决之道。

点击成长:

在一条路走不通的时候,何不换个角度思考呢? 也许在转弯的一瞬间,你看见了另一个机会呢!

准备好才能抓住机会

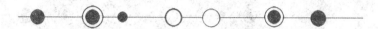

　　桑拜恩是著名的瑞士化学家。他在发明烈性火药时没有实验场所，只好用自己家里的厨房，妻子为此反对他。一次桑拜恩在妻子外出时偷偷在厨房做实验，正当他在炉子上加热硫酸和硝酸混合液的时候，听到妻子回来由远而近的脚步声，他赶紧把实验器皿收起来，情急之中，把一只装酸的玻璃坩埚打破了，酸液流了满地。

　　为了不让妻子发现，他顺手拿起妻子的棉布围裙，把炉子和地板上的酸迹揩尽。后来，他用水洗了围裙，挂在炉子上烘干，只听"噗"的一声，围裙着火，烧得一干二净，却没有一丝烟雾。桑拜恩见此大受启发，脑子豁然开朗，于是发明了"火药棉"。

点击成长：

　　人们总是认为成功是偶然的，但在偶然性的后面存在着必然性。

　　机会，只会悄悄地跟随那些可以认清它们并准备随时拥抱它们的人。

松下幸之助的转机

这是松下幸之助创业之初的一段小故事：

松下是由生产电插头起家的,由于插头的性能不好,产品的销路大受影响,不久,他就陷入三餐难继的困境。

一天,他身心俱疲地独自走在路上。一对姐弟的谈话,引起了他的注意。

姐姐正在熨衣服,弟弟想读书,却无法开灯(那时候的插头只有一个,用它熨衣服就不能开灯,两者不能同时使用)。

弟弟吵着说:"姐姐,您不快一点儿开灯,叫我怎么看书呀?"

姐姐哄着他说:"好了,好了,我就快烫好了。"

"老是说快烫好了,已经过了 30 分钟了。"

姐姐和弟弟为了用电,一直吵个不停。

松下幸之助想:

只有一根电线,有人熨衣服,就无法开灯看书,反过来说,有人看书,就无法熨衣服,这不是太不方便了吗? 何不想出可以同时两用的插头呢?

他认真研究这个问题,不久,他就想出了两用插头的构造。

试用品问世之后，很快就卖光了，订货的人越来越多，简直是供不应求。他增加了工人，也扩建了工厂。松下幸之助的事业，就此走上轨道，逐年发展，利润大增。

点击成长：

对待那些日复一日侵扰我们生活的问题，我们只是停留在对这些问题讨厌的阶段，而没有认真去想一想该怎样去解决这些问题。

每一次解决问题的机会，就是我们创新的机会。每一次人生的挑战，都是我们自我完善的过程。我们一定要相信，所有的机会和挑战都是为了让我们的人生更完善。在这时候，唯有自信的人，才能拥有这份感觉。

机会的种子

绝对的困难只存在于想象中

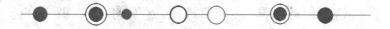

1864 年,美国南北战争结束,一位叫马维尔的记者采访林肯。

记者:"据我所知,上两届总统都曾想过废除黑奴制,解放黑奴宣言也早在他们那个时期就已起草?可是他们都没起笔签署它。请问总统先生,他们是不是想把这一伟业留下来,给您去成就英名?"

林肯:"可能有这意思吧。不过,如果他们知道拿起笔需要的仅是一点勇气,我想他们一定非常懊丧。"

这段话发生在林肯去帕特森的途中,马维尔还没来得及问下去,林肯的马车就出发了,因此,他一直都没弄明白林肯的这句话到底是什么意思。直到 1914 年,林肯去世 50 年后,马维尔才在林肯致朋友的一封信中找到答案。在信里,林肯谈到幼年的一段经历:

"我父亲在西雅图有一处农场,上面有许多石头。正因如此,父亲才得以较低价格买下它,有一天,母亲建议把上面的石头搬走。父亲说如果可以搬走的话,主人就不会卖给我们了,它们是一座座小山头,都与大山连着。

有一年,父亲去城里买马,母亲带我们在农场劳动。母亲说,让我们把这些碍事的东西搬走吧。于是,我们开始挖那一块块石头,不长时间，就把它们弄走了，因为它们并不是父亲想象的山头，而是一块块孤零零的石块，只要往下挖，就可以把它们晃动。"

林肯在信的末尾说，有些事情一些人之所以不去做，只是他们认为不可能。有许多不可能，只存在于人们的想象之中。

读到这封信的时候，马维尔已是 76 岁的老人，就是在这一年，他正式下决心学外语。据说，1922 年，他在广州采访时，是以流利的汉语与孙中山先生对话的。

点击成长：

我们都知道做任何事情都不可能是一帆风顺。有时候很多困难不是我们想象的那么难，但是经过尝试之后，就有了成功的机会。

第三名是个旁听生

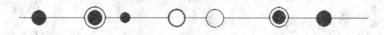

　　1992 年 5 月，一位刚拿到律师资格证书的大学生很偶然地听说司法部正在北京举办中国首期证券资格律师培训班。他知道，证券市场在中国还是个新生事物，拥有证券从业资格的律师在中国还没有，如果能拿到这块"敲门砖"，意味着与成功近在咫尺。

　　第二天，他和两个同学找到司法部。当他们向主管培训班的处长说明来意后，处长耐心而坚决地说："第一批参加培训的都是资深律师，是经过各省层层筛选审批产生的，而且每个省只有一两个名额。你们是没有机会的！"

　　三个年轻人沮丧地走出司法部大楼，可那个大学生越想越不甘心，便独自折了回去。他对那位处长说："我想交钱旁听，可以给我一张证吗？"处长两手一摊："这个班没有旁听的概念！小伙子，以后再努力吧！"说完，处长就走了。

　　回到寝室，大学生还在为如何抓住这个机会而四处打探消息，同学们纷纷讥笑他痴人说梦。晚上，当大家到三里屯泡吧时，这位大学生独自找到司法部值班室，打听到了那个培训班的地址。

　　第二天早上五点多，大学生转乘了三辆公交车，早早出现在培训班所在的邮科院培训楼门口。可因为没有听课证,值班门卫不让进,他只好在楼口徘徊了两个多小时。快八点时,他发现楼口有工作人员在搬培训资料,就趁门卫不注意,连忙赶上去帮忙。从一楼到六楼,别人跑一趟,他跑三趟,挥汗如雨,不敢有丝毫倦怠。工作人员以为他是学员,也就没怎么在意。

就在这时,那位处长驱车到培训班视察,一眼就认出了这个大学生,忍不住笑着说:"你别这样故意感动我好不好? 我就是让你旁听,但因为没有报批手续,即使你考过了,也不可能得到资格证!"工作人员恍然大悟,都被这个小伙子求学的精神深深打动,纷纷为他说好话。处长也心动了:"我们有话在先,拿不到资格证,可别来找我!"

三个月的培训,大学生很刻苦。考试揭晓,他得了全班第三名。全班58人,前50名都可以拿到资格证。

拿到成绩单后,尽管很无奈,大学生还是硬着头皮找到那位处长。对方一见到他,不禁苦笑:"你呀! 怎么考了第三名呢,这叫我帮你不是,不帮你也不是!"大学生诚恳地说:"那你就帮我吧! 我肯定不会让你失望的!"望着小伙子不屈的眼神,处长终于感动了,他当即向部领导详细汇报了情况。就这样,司法部指示湖北省相关部门破例为这个小伙子补办了手续。

拿到了"敲门砖",正赶上湖北地区的公司纷纷上市,而上市必须向有关部门出具拥有证券资格的律师意见书。当时在湖北拥有资格的律师只有两个人,其中一个就是那位大学生。

小伙子抓住机遇,两年内,为全国15家公司上市立下了汗马功劳,赢得了他人生的第一桶金,成为武汉市第一个拥有高级轿车的大律师。

回首往事,他说:"当初,我也以为拿到资格证是不可能的事,但我不愿放弃机会,机会也就不愿放弃我了!"

点击成长:

看到机会,就要努力去奋斗,有时候明知不可而为之,但结果不一定是我们想象的那么悲观。一定要相信,我们的努力都是会有回报的。故事中的小伙子不就是抓住了这么一个机会吗?一个几乎不可能成功的机会,但是回报他的,却是完美的结果。

不要纵容自己的粗心

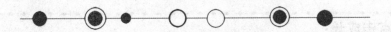

　　20世纪70年代,英国广播公司驻香港记者罗伦斯,发出过不少重大的新闻被世界各大媒体转发。他在谈到自己的粗心大意时,有一段有趣的记述:

　　一天,我在海滨的家接到伦敦总部打来的电话:"'伊丽莎白皇后'号有什么新的进展?"

　　我回答:"啊,世界上最大的邮船,1930年在克莱德河上建成……"

　　"不,不是,"他们大声喊叫,"我们问的是现在!"

　　"噢,它不就停在香港岸边吗? 有人计划把它改成海上大学。"

　　"但是,那玩意儿现在正在燃烧。"他们急切地说。

　　我快步走到窗前,拉开窗帘。在我面前的港口,那艘雄伟的邮船从头到尾都在熊熊燃烧,烟云蔽空。

　　"我的天,你们说对了,"我向他们大声喊叫,"那条船失火了!"

　　即使是最优秀的记者,也会错过抢独家新闻的机会。

点击成长：

　　不要纵容自己的粗心，一次极为微小的粗心，都会失去一次极为重要的机会。

抓住转瞬即逝的机会

经过 1999 年秋季媒体的狂炒，吴士宏已成为现代人耳熟能详的名人。其实在这番炒作之前，她的经历与业绩就不断见诸报端，只不过没有如此密集罢了。

在吴士宏努力向上的过程中，以她初次到 IBM 面试那段最为精彩。

当时还是个小护士的吴士宏，抱着个半导体学了一年半许国璋英语，就壮起胆子到 IBM 来应聘。

那是 1985 年，站在长城饭店的玻璃转门外，吴士宏足足用了五分钟的时间来观察别人怎么从容地步入这扇神奇的大门。

两轮的笔试和一次口试，吴士宏都顺利通过了。面试进行得也很顺利。最后，主考官问她："你会不会打字？"

"会!"吴士宏条件反射般地说。

"那么你一分钟能打多少？"

"您的要求是多少？"

主考官说了一个数字，吴士宏马上承诺说可以。她环顾了四周，发现现场并没有打字机，果然考官说下次再考打字。

实际上，吴士宏从未摸过打字机。面试结束，她飞也似地跑了出去，找亲友借了170元买了一台打字机，没日没夜地敲打了一个星期，双手疲乏得连吃饭都拿不住筷子了，但她竟奇迹般地达到了考官说的那个专业水准。过好几个月她才还清了那笔债务，但公司也一直没有考她的打字功夫。

吴士宏的传奇从此开始。

点击成长：

对于那些转瞬即逝的机会，我们应该如何去抓住它，那是任何人、任何教科书上都教不会的。只有我们随时准备着，认真对待每一次机会，才能有成功的基础。只有努力了，自己全心全意地去奋斗了，才没有任何的遗憾。否则，一切都是空谈，机会只是机会，而不是成功。

学会适当放弃

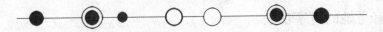

　　父亲给孩子带来一则消息，某一知名跨国公司正在招聘计算机网络员，录用后薪水自然是丰厚的，还因为这家公司很有发展潜力，近些年新推出的产品在市场上十分走俏。

　　孩子当然是很想应聘的。可在职校培训已近尾声了，这要真的给聘用了，一年的培训就算夭折了，连张结业证书都拿不上。孩子犹豫了。父亲笑了，说要和孩子做个游戏。他把刚买的两个大西瓜放在孩子面前。让他先抱起一个，然后，要他再抱起另一个。孩子瞪圆了眼，一筹莫展。抱一个已经够沉的了，两个是没法抱住的。"那你怎么把第二个抱住呢？"

　　父亲追问。孩子愣神了，还是想不出招来。父亲叹了口气："哎，你不能把手上的那个放下来吗？"孩子似乎缓过神来，是呀，放下一个，不就能抱上另一个了吗！孩子这么做了。父亲于是提醒：这两个总得放弃一个，才能获得另一个，就看你自己怎么选择了。孩子顿悟，最终选择了应聘，放弃了培训。后来，如愿以偿，成了那家跨国公司的职员。

点击成长:

在不能得到的时候,过于执着也许会让你失去更多,适时地放手,也许是一个更明智的选择。下一个机会就会在你放手的时候来临。

布朗左耳上的茧子

美国著名的激励大师莱斯·布朗的左耳上结有厚厚的茧子。

布朗不是个幸运儿，他一出生就遭父母遗弃，稍大一点又被列为"尚可接受教育的智障儿童"，他实在有太多太多的理由自暴自弃。然而，他在中学阶段遇到了"贵人"———一位爱他的老师。老师告诉他："不要因为人家说你怎样你就以为自己真的怎样。"这句看似平常的话彻底改变了布朗的命运。

布朗决定加入演讲会，为每一个像他一样被"瞎了眼的命运女神"无情捉弄的不幸者呐喊，让每一颗怯懦的心都滋生出进取的勇气，让每一个平凡的生命都迸发出向上的力量。他咬定青山不放松。

布朗很有自知之明，他想自己没有过人的资质，没有个人魅力，也没有经验，要获得演讲的机会，只有一天到晚给人打电话，有时一天打一百多个电话，请求别人给他机会，让他去演讲。就这样，日久天长，布朗的左耳硬是被话筒磨出了茧子。

现在，布朗成了美国最受欢迎的励志演说家，他的演讲酬金每小时高达两万美元。一切都如期而至：掌声、鲜花、荣誉、金钱……

布朗笑了，他摸着左耳上的茧子不无得意地说："这个老茧值几百万美元啊!"

我想,那茧子本身就是一篇撼人心魄的励志演说! 把粗暴的拒绝记下来,把冷漠的推挡记下来,把所有泼进生命的冷水都记下来。然后,让它们沉积、凝结,最终开出了一朵离聪明和成功最近的惊世之花。

> **点击成长:**
>
> 手上的茧,证明着辛苦劳作;脚上的茧,标志着艰难跋涉;耳上的茧,意味着征服命运!
>
> 为了命运,你努力奋斗了,机会自然会降临在你身上。

或许机会就在你眼前

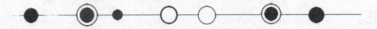

　　有一个故事说：上帝给两个人各一粒种子，并许诺说："三年后，谁培育出人间最大的花朵，以至我在天堂都能够观赏，谁就能获得飞翔的机会。"

　　甲立即揣着种子出发。他发誓要找到世界最肥沃的土壤，最优良的气候条件。

　　乙没有出发。因为他觉得脚下的土地蛮不错，随手将种子种入土中。

　　两年过去了。甲走遍天涯海角，但始终没有找到合适的土地，因为再好的土地都有些可疑，似乎仍有更神气的土地在遥远的地方召唤他。因此，他的那粒种子一直揣在怀中，无处发芽。

　　而此刻乙所在的地方，已是漫山遍野的花朵了。这些花朵形态各异，多姿多彩；虽然没有一朵堪称大花，但乙不感到失望，因为种花本身的乐趣令他欣喜不已，充满创意，他更加投入这项工作了。

　　第三年春天，上帝站在天堂的大门边，看见人间有一朵硕大无朋的花，乙正在忙忙碌碌。上帝还看见甲依然揣着种子到处奔波，像个投机分子。

这时候,乙感觉自己身轻如燕,飘飘欲仙。

他抬头看见上帝的微笑,赶忙说:"上帝呀,请原谅,我不再想飞!"

上帝感到惊诧:"难道这不是你种花的初衷吗?"

乙说:"当初,我的确是为了飞翔的欲望而种花,并为此漫天撒种;不料机会的来临竟如此简单而主动,它也因此在我眼中失去原有的分量;现在,我更重视种花本身,因为它是飞翔之母,它高于一切机会和欲望!"

点击成长:

机会的来临是再简单不过的事情,但是能不能看见它,能不能抓住它,则是另外的事情。不要把机会的来临看得那么难,机会真的是很简单而主动的,但是也千万要看清什么才是你的机会。

几秒钟的命运

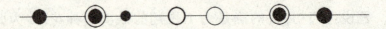

　　有两个青年,一个叫杰克,一个叫约翰。他们不约而同地去某个海岛寻找金矿。到海岛的邮船很少,半个月才一班。为了赶上这趟船,两个人都日夜兼程地走了好几天。当他们双双赶到离码头还有100米时,邮船已经起锚。天气奇热,两个人都口渴得难忍。这时,正好有人推来一车柠檬茶水。邮船已经鸣笛发动了,杰克只瞟了一眼茶水车,就径直飞快地向邮船跑去。约翰抓起一杯茶就灌,他想,喝了这杯茶也来得及。杰克跑到时,船刚刚离岸一米,于是他纵身跳了上去。而约翰因为喝茶耽搁了几秒钟,等他跑到时,船已离岸五六米了。于是他只能眼睁睁地看着邮船一点点地远去……

　　杰克到达海岛后,很快就找到了金矿,几年后,他便成为亿万富翁。而约翰在半个月后,勉强来到海岛,因为生计问题只得做了杰克手下一名普通的矿工……

　　有人感叹,机遇啊机遇,有时就这么短短的几秒钟,就决定了两个人的命运。

点击成长：

　　很多时候，当我们正在抱怨的时候，也许机会已经和我们擦肩而过了。不要只是一味地给自己制定那些虚无缥缈的终极目标，那样只会让自己不知所以。机会就是在周围的琐碎小事里隐藏着，等待着那些有准备的人去发现。埋怨是于事无补的，还是先从最基本的小事做起吧。

机会的苹果

我看了一个故事，大意是说，约翰死后去见上帝，上帝查看了一遍他的履历，很不高兴："你在人间活了六十多年，怎么一点政绩都没有？"

约翰辩解说："主呀，是您没有给我机会。如果让那个神奇的苹果砸在我的头上，发现万有引力定律似的人应该是我。"

上帝说："我给大家的机会是一样的，而是你没有抓住机会，不妨我们再试验一次。"

上帝把手一挥，时光倒流到几百年前的苹果园。上帝摇动苹果树，一只红苹果正好落到约翰的头上，约翰捡起苹果用衣襟擦了擦，几口就把苹果吃掉了。

上帝又摇动苹果树，一只大一点的苹果落在约翰的头上，又被约翰吃掉了。

上帝再摇落一只更大的苹果落在约翰的头上。约翰大怒，捡起苹果狠狠地扔出去："该死的苹果，搅了我的好梦！"苹果飞到正在睡觉的牛顿的头上，牛顿醒了，捡起苹果，豁然开朗，并发现了万有引力定律。

时光回到了现在,上帝对约翰说:"你现在应该口服心服了吧!"

约翰哀求:"主啊,请你再给我一次机会吧……"

上帝摇了摇头说:"可怜的人呀,再给你100次机会也没有用啊
……"

点击成长:

其实老天十分公平,人不能只等待机会,还要善于抓住机会,当100个机会与你擦肩而过时,第101个机会仍然会与你擦肩而过,机会不是别人给的,是自己争取的,你不争取谁也帮不了你!

机会是要及时把握的

　　羊要到山顶去吃草,它往山上爬,爬呀爬呀,爬累了。羊说:"我不怕累,山有多高我爬多高!"羊又爬呀爬呀,羊更累了,羊说:"我不怕累,山有多高我爬多高!"羊接着爬呀爬呀,羊已经非常累了,羊说:"我不怕累,山有多高我爬多高!"

　　羊终其一生来爬这座山,它一心只想着山顶芳美的鲜草,却忽略了在途中,也有一片片鲜草路过,而它视而不见。

　　当羊终于爬上了山顶,它看到了它的归宿:山顶,原来并没有草。

点击成长:

　　机会是要及时把握的,有时候最好的不一定是最适合自己的,适当调整你的目标有时会更有效。

机会留给有准备的人

A 在合资公司做白领,觉得自己满腔抱负但没有得到上级的赏识,经常想:如果有一天能见到老总,有机会展示一下自己的才干就好了!

A 的同事 B,也有同样的想法,他更进一步,去打听老总上下班的时间,算好他大概会在何时进电梯,他也在这个时候也去坐电梯,希望能遇到老总,有机会可以打个招呼。

他们的同事 C 更进一步。他详细了解老总的奋斗历程,弄清老总毕业的学校、人际风格、关心的问题,精心设计了几句简单却有分量的开场白,在算好的时间去乘坐电梯,跟老总打过几次招呼后,终于有一天跟老总长谈了一次,不久就争取到了更好的职位。

> **点击成长:**
>
> 不要一味抱怨自己总是得不到机会,在你抱怨的时候,机会还会继续从你身边溜走的。机会只给准备好的人,这"准备"二字,并非说说而已。

得而复失的心愿石

有个年轻人,想发财想到几乎发疯的地步。每每听到哪里有财路他便不辞劳苦地去寻找。有一天,他听说附近深山中有位白发老人,若有缘与他见面,则有求必应,肯定不会空手而归。

于是,那年轻人便连夜收拾行李,赶上山去。

他在那儿苦等了五天,终于见到了那个传说中的老人,他向老者请求,赐珠宝给他。

老人便告诉他说:"每天清晨,太阳未东升时,你到村外的沙滩上寻找一粒'心愿石'。其他石头是冷的,而那颗'心愿石'却与众不同,握在手里,你会感到很温暖而且会发光。一旦你寻到那颗'心愿石'后,你所祈愿的东西都可以实现了!"

青年人很感激老人,便赶快回村去。

每天清晨,那青年人便在海滩上捡石头,一发现不温暖又不发光的,他便丢下海去。日复一日,月复一月,那青年在沙滩上寻找了大半年;始终也没找到温暖发光的"心愿石"。

有一天,他如往常一样,在沙滩开始捡石头。一发现不是"心愿石",他便丢下海去。一粒、二粒、三粒……

突然，他"哇…"的一声哭了。

因为他刚才习惯地将那颗"心愿石"随手丢下海去后，才发觉它是"温暖"的！

点击成长：

　　人们都在等待机会，也许也是在很积极地寻找机会。但是如果习惯了等待，而忘记了迎接机会的话，那机会降临眼前，很多人都习惯地让它从手上溜走。一旦发觉时，就后悔莫及了。

机会无处不在

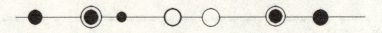

　　大学毕业之后,她进了一家银行。

　　一天,一位行色匆匆的中年男子来取一笔大额存款。她知道那张定期存单没有多久就要到期了,提前支取的话将会损失一大笔利息收入,于是就提醒这位储户。但是这位储户说自己也是实在没有办法,因为他预定的住房已经到了交款的期限。她问清了他订房的楼盘,按照这个楼盘开发商的付款方式以及相关政策,为他设计了一套更合理的交款办法,解决了他的燃眉之急。

　　他惊讶于她如此年轻,却有这么精到的理财头脑,而同时,她的态度在他看来是近乎完美的。后来,一家报社的记者采写的关于她的一篇报道上了报纸。原来,他是那家报社的主编。银行于是利用她的知名度,组建了以她的名字命名的理财工作室。

　　其实在接待那位报社的主编时,她并没有把他当作特殊客户,更没有想到这是一个机会,然而这却成为她事业的转折点。

点击成长：

　　认真对待你的工作和生活，要相信机会是无处不在的，那么在你不经意的时候，机会就会降临在你面前。

锲而不舍就会有机会

1895 年 11 月 8 日傍晚,德国维尔茨堡大学校长兼物理研究所所长伦琴教授在研究阴极射线。

为了防止外界光线对放电管的影响,也为了不使管内的可见光漏出管外,他把房间全部弄黑,还用黑色硬纸给放电管做了个封套。

为了检查封套是否漏光,他给放电管接上电源(茹科夫线圈的电极),他看到封套没有漏光而非常满意。可是当他切断电源后,却意外地发现一米以外的一个小工作台上有闪光,闪光是从一块荧光屏上发出的。

他非常惊奇,因为阴极射线只能在空气中进行几个厘米,这是别人和他自己的实验早已证实的结论。于是他全神贯注地重复刚才的实验,把屏一步步地移远,直到两米以外仍可见到屏上有荧光。伦琴确信这不是阴极射线了。

伦琴的治学态度非常严谨认真,经过反复实验,确信这是种尚未为人所知的新射线,便取名为 X 射线。

他发现 X 射线可穿透千页书、2~3 厘米厚的木板、几厘米厚的硬橡皮、0.15 厘米厚的铝板等等。可是 0.015 厘米的铅板几乎就完全把

X射线挡住了。

他偶然发现X射线可以穿透肌肉照出手骨轮廓,于是,有一次他夫人到实验室来看他时,他请她把手放在用黑纸包严的照相底片上,然后用X射线对准照射15分钟,显影后,底片上清晰地呈现出他夫人的手骨像,手指上的结婚戒指也很清楚。这是一张具有历史意义的照片,它表明了人类可借助X射线,隔着皮肉去透视骨骼。

1895年12月28日伦琴向维尔茨堡物理医学学会递交了第一篇X射线的论文"一种新射线——初步报告",报告中叙述了实验的装置,做法,初步发现的X射线的性质等等。

这个报告成了轰动一时的新闻,几天后就传遍了全世界。X射线的发现,又很快地导致了一项新发现——放射性的发现。可以说X射线的发现揭开了20世纪物理学革命的序幕。

伦琴发现X射线的第二年,英国科学家克鲁克斯十分沉痛地反省自己:他也曾看到过存放在阴极射线管附近的照相板感光的现象,但是由于他未紧紧抓住这一机会导向深入,使自己与成功失之交臂。

点击成长:

　　其实机会真的是无处不在的,关键看你怎么看待。对于积极进取的人,他看见的是无限的机会和美好的前景,对于那些没有准备的消极的人而言,却什么也看不见。

机会之神眷顾踏实努力的人

　　有两个年轻人一同去寻找工作,其中一个是英国人,另一个是犹太人。他们都怀着成功的愿望,寻找适合自己发展的机会。

　　有一天,当他们走到街上时,同时看到有一枚硬币躺在地上。英国青年看也不看就走了过去,犹太青年却激动地将它捡了起来。英国青年对犹太青年的举动露出鄙夷之色:一枚硬币也捡,真没出息!犹太青年望着远去的英国青年心中不免有些感慨:让钱白白地从身边溜走,真没出息!

　　后来,两个人同时进了一家公司。公司很小,工作很累,工资也低,英国青年不屑一顾地走了,而犹太青年却高兴地留了下来。两年后,两人又在街上相遇,犹太青年已成了老板,而英国青年还在寻找工作。

　　英国青年对此不可理解,说:"你这么没出息的人怎么能这么快地发了财呢?"犹太青年说:"因为我不会像你那样绅士般地从一枚硬币上边走过去,我会珍惜每一分钱。而你连一枚硬币都不要,怎么会发财呢?"

点击成长:

　　机会如同你的财富,不是凭空得来的,而是来源于平时一点一滴的努力和积累。唯有认真而脚踏实地的人,才能受到机会之神的青睐。

　　怀着成功的梦想是很好的,但是仅仅有梦想而不去努力,总是想一步登天那是无论如何也不会成功的。要知道,成功绝对来自于平时的积累,那些总是喜欢做白日梦,而不去努力奋斗的人,他们是很少和机会见面的。

相信自己,创造辉煌

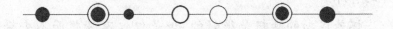

　　迈克尔·乔丹的名字,现在已响遍了全世界,然而在他上高中时,连校篮球队都没有办法录取他。他的教练看到乔丹打球之后说:"乔丹呢,你这个人,有两个问题:第一,篮球技术不高,第二,你的身高只有一米七零,实在太矮了,以后不可能打大学篮球,更不可能进入 NBA。"乔丹听了教练的两句话后说:"教练,假如你觉得我的身体不够高,我会想办法长高。"

　　后来乔丹的身高达到一米九八,他的父亲曾经接受记者访问:"请问,乔丹家族全部没有人身高超过一米八零,为什么乔丹可以长到一米九八?"他的父亲是这样告诉记者的:"乔丹渴望成功的这个企图心让他身体长了二十八厘米。"

　　虽然听起来不可思议,但乔丹确实在慢慢地长高,但技术还是不够,他跟教练谈判说:"教练,我迈克尔·乔丹只要求跟这些优秀的球员一起练球,我不出场比赛,我愿意帮助所有的球员拎行李,他们流汗时我帮他们递毛巾,他们汗滴到地上时,我拿毛巾擦地板。"他说:"我只求能跟这些球员练球,我不需要出场比赛。"乔丹这种上进的态度,终于让教练给了他一个机会,此后乔丹十次得到 NBA 的得分王,十次得了 NBA 最佳防守队员前五名,控球和助攻都是 NBA 前十名,灌篮成为世界第一名,也是情理之中的事了。他当之无愧"空中飞人"的称号。

点击成长:

　　不要总是等待天上掉馅饼的机遇,还是脚踏实地,努力做好现在的事情,为机会的到来打下坚实的基础。要知道所有看似偶然的机会都是有其必然性的。只有努力你才会有机会抓住一切时机,创造机遇,创造辉煌。

荒滩的价值

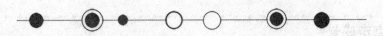

　　有一个真实的故事,深圳初为特区,各地政府部门和一些国有企业,纷纷去抢滩,设办事处,或是开个对外窗口,引得那些位置优越的"风水宝地"身价百倍。可是满是卵石芦苇的河滩地无人问津,人们都认为那里地势低洼,没有开发利用价值。

　　一个小伙子却与众不同。他就是司马迁《货殖列传》中所说的"人弃我取,人取我与"经营观点的追随者。因此,他以低得不敢让人相信的价格每亩 200 元,一下子买了 200 亩。当时有些人很不以为然,认为放着黄金地带不买,却去买了一片荒滩,再便宜派不上用场也白搭。

　　但 10 年后,深圳地盘几乎被抢占一空。一日本商人看上了深圳的发展趋势,决定在深圳设高尔夫球场。可是已无大块土地可买,最后选中了这里,几经谈判,最后以每亩 20 万元的天价成交,那位小伙子用当初 4 万元的投资赚了现在的 2000 万。

点击成长：

　　不要只看见眼前的利益，更应该注意眼前的机会，只有抓住机会，才会走向成功。

机会就在我们身边

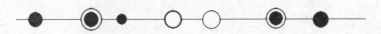

　　我们现在见到的可口可乐使用的瓶子，已经使用了七十多年，它已经成为可口可乐的象征。

　　但可口可乐原来使用的并不是这种瓶子，它是 1937 年后才有的，发明者是一个 23 岁的青年，名字叫路透。路透是美国的一个玻璃厂的吹制玻璃瓶工人。路透不甘心他的现状，总想有个发明，以改变他的处境和经济收入状况。

　　有一天，久别的女朋友特地去看他，她穿着流行的紧腿裤，真是美极了。这种裤子在膝部附近变窄，十分漂亮。路透当时就想：要是玻璃瓶的形状也可以改变，使玻璃瓶变成一种艺术品，那该多好。约会归来后，路透按捕捉到的这一印象，立刻绘出图案，并依此样式吹制成一个瓶子。然后作为图案设计，很快申请了专利，并将此瓶带到可口可乐公司，被可口可乐公司经理一眼看中，当即与路透签订了一份合同，答应每 12 打支付给路透 5 美分，我们可以想想，可口可乐每年的瓶子需要量是多少，这位 23 岁的青年早已是亿万富翁了。

点击成长：

　　对于有心的人而言，任何一件事情都隐藏着机会，关键是看怎样去利用它。

敢于尝试才能把握住机会

上帝取出了一双翅膀。"我有一样东西想要赐给各位,如果你还满意这件礼物,就可以把它拾起来放在背上。"

动物们一听到有礼物可以领,便争先恐后地挤到了上帝的面前。但是当他们看到躺在地上的翅膀时,不禁面面相觑,心想:把这么笨的东西放在背上,不累死才怪呢!

动物们在看了翅膀一眼后,纷纷退回座位上。

最后,一只小鸟走过来,看了看地上的翅膀,心想:上帝应该不会亏待动物们,所以这个看起来满笨重的东西,或许是一种恩赐。于是,小鸟就把地上的翅膀捡起来,背在背上,过一会儿,小鸟轻轻地试着翅膀,没有想到不但不沉重,反而还轻盈地飞上了天。许多动物目睹此景,追悔莫及。

点击成长:

机会面前人人平等,但最终抓住它的是勇于尝试的人们。